高等职业教育土建专业系列教材

钢筋计算与翻样

（第二版）

主　编　罗丹霞　冯昆荣　刘跃国
副主编　夏天虹　白　健　陶庆东
　　　　邓歆玥
主　审　朱　彧

南京大学出版社

内容提要

本书按照最新的职业教育教学改革要求,结合建筑工程技术以及相关专业课程改革,以岗位核心职业能力构建教材内容。主要内容包括钢筋基础知识,板、梁、柱、楼梯、基础、剪力墙钢筋计算与翻样。

课程以 16G101 平法图集及相关图集为基础,通过实际案例详细讲解了板、梁、柱、楼梯、基础、剪力墙钢筋构件的平法识图、钢筋图示长度计算、钢筋下料长度计算、钢筋配料单编制。并通过多个技能训练,综合培养学生的结构施工图识读能力、钢筋算量能力、钢筋翻样能力,为下一步的学习和工作打下坚实的基础。

本书内容系统实用,可作为高等职业院校土建类专业对应课程的教材,以及应用型本科、成人教育、中职学校、培训班的教材,也可供建筑工程技术人员参考。

图书在版编目(CIP)数据

钢筋计算与翻样 / 罗丹霞,冯昆荣,刘跃国主编.
— 2 版. — 南京:南京大学出版社,2021.6
　ISBN 978-7-305-24117-8

　Ⅰ.①钢… Ⅱ.①罗… ②冯… ③刘… Ⅲ.①钢筋混凝土结构—结构计算—教材 Ⅳ.①TU375.01

中国版本图书馆 CIP 数据核字(2020)第 265607 号

出版发行　南京大学出版社
社　　址　南京市汉口路 22 号　　　邮　编　210093
出 版 人　金鑫荣

书　　名　**钢筋计算与翻样**
主　　编　罗丹霞　冯昆荣　刘跃国
责任编辑　朱彦霖　　　编辑热线　025-83597482

照　　排　南京南琳图文制作有限公司
印　　刷　丹阳兴华印务有限公司
开　　本　787×1092　1/16　印张 14.75　字数 396 千
版　　次　2021 年 6 月第 2 版　　2021 年 6 月第 1 次印刷
ISBN 978-7-305-24117-8
定　　价　39.80 元

网址:http://www.njupco.com
官方微博:http://weibo.com/njupco
官方微信号:njutumu
销售咨询热线:(025)83594756

前　言

本书根据中华人民共和国住房和城乡建设部新颁布的《混凝土结构施工图平面整体表示方法制图规则和构造详图》图集(16G101平法图集简称"平法")和全国高等学校土建学科教学指导委员会高等职业教育专业委员会建筑工程技术、工程管理专业的教育标准、培养方案、课程标准,结合课程改革需要进行编写的。可作为高职院校、自学考试、技术培训等教学用书。

随着混凝土结构施工图平面整体表示方法在建筑行业的全面运用,对于土建相关专业学生而言,看懂平法施工结构图,根据平法进行工程施工、工程监理、工程造价、工程设计等是他们将要面临的基本工作。而钢筋计算与翻样,特别是钢筋翻样至今还没有形成完整系统的理论和方法。钢筋计算与翻样不仅有很高的的技术含量,而且对结构质量安全和造价控制有极大的影响。为了适应建筑行业对钢筋计算和翻样的需要,本书以新平法图集为基础,将钢筋计算和翻样进行对比讲解,并做了很多案例分析和多个技能训练任务。本书在编写过程中具有以下特色:

1. 与企业合作建设教材。为了适应课程改革的需要,本书在编写初期多次到企业调研,邀请企业的工程师参与教材的编写工作。

2. 体系和内容安排新。本书以钢筋基础知识、板、梁、柱、楼梯、基础、剪力墙钢筋计算与翻样共7章内容。各章节在编写中将平法识图,钢筋构造与计算,钢筋图示长度计算实例,钢筋下料长度计算及翻样实例等关键内容巧妙地融入一体。

3. 课程改革教材。按教、学、做一体的教学改革,将钢筋计算与翻样两根主线结合起来讲解。每一章节按照认识各构件钢筋,平法识图、钢筋构造与计算规则讲解,钢筋图示长度及下料长度案例教学、技能训练任务层层叠进,充分培养学生的动手能力。

4. 教材中心思路明确。本教材将钢筋计算与翻样分开,并将钢筋图示长度计算在平法识读中展现,在钢筋图示长度、下料长度计算两种的对比讲解中,明白钢筋计算与翻样的不同,为钢筋工程量计算、钢筋工程施工服务。

5. 案例、实训多。为充分培养学生的动手能力,体现学生的中心位置,本书在编写时,大量引入案例和有针对性的技能训练。通过这种方式,逐渐由教师教向学生学、做的主体角色转换。

本书共分7章,由绵阳职业技术学院罗丹霞、冯昆荣、刘跃国出任主编,绵阳职业技术学院夏天虹、白健、陶庆东和成都工业职业技术学院邓歆玥出任副主编,由绵阳职业技术学院朱彧主审,全书由冯昆荣统稿。

本书在编写过程中,参考和引用了国内外大量文献资料,在此谨向原书作者表示衷心感谢。由于时间仓促,编者业务水平和教学经验有限,本书难免存在不足和疏漏之处,敬请各位读者批评指正。

编　者

2021 年 04 月

目　录

第1章 钢筋基础知识与平法原理

学习目的: 1. 了解钢筋的种类、标注以及保护层厚度等基本规定;
2. 掌握钢筋的加工与连接;
3. 掌握钢筋计算基本原理;
4. 了解混凝土结构平面整体表示方法概述。

教学时间: 4学时

教学过程/教学内容/参考学时:

教学过程	教学内容	参考学时
1.1 钢筋概述	钢筋的种类与标注	1
	钢筋的混凝土保护层厚度	
	钢筋的锚固	
1.2 钢筋的加工与连接	钢筋的加工	1
	钢筋的连接	
	封闭箍筋及拉筋弯钩构造	
1.3 钢筋计算基本原理	钢筋图示长度和下料长度	0.5
	钢筋的弯曲调整值	
	钢筋的重量	
1.4 钢筋代换	钢筋代换的原则	1
	钢筋代换计算与实例	
	钢筋代换注意事项	
1.5 混凝土结构平面整体表示方法概述	平法概述	0.5
	平法基本原理	
	平法设计施工图一般原则	
共计		**4**

1.1 钢筋概述

1.1.1 钢筋种类和标注

钢筋混凝土结构中的钢筋和预应力混凝土结构中的非预应力钢筋主要是热轧钢筋,分为光圆钢筋(如图 1-1-1 所示)和带肋钢筋(如图 1-1-2 所示)。

图 1-1-1 光圆钢筋

图 1-1-2 带肋钢筋

1. 钢筋种类

按强度等级可将钢筋分为:HPB300,HRB335、HRBF335,HRB400、HRBF400、RRB400 和 HRB500、HRBF500 四种。其中:HPB 为热轧光面钢筋,HRB 为热轧带肋钢筋,HRBF 为微晶粒热轧带肋钢筋,RRB 为余热处理钢筋。钢筋的符号及强度见表 1-1-1 所示。

表 1-1-1　钢筋的符号及强度

牌号	符号	公称直径 d(mm)	屈服强度标准值 f_{yk}(N/mm²)	极限强度标准值 f_{ytk}(N/mm²)
HPB300	Φ	6～22	300	420
HRB335 HRBF335	Φ ΦF	6～50	335	455
HRB400 HRBF400 RRB400	Φ ΦF ΦR	6～50	400	540
HRB500 HRBF500	Φ ΦF	6～50	500	630

2. 钢筋标注

(1) 受力钢筋:标注钢筋的根数、直径、种类。

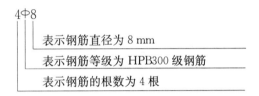

(2) 箍筋、分布筋的标注:种类、直径、相邻钢筋中心距。

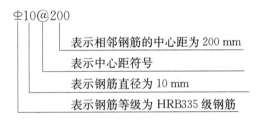

1.1.2　钢筋的混凝土保护层厚度

钢筋的混凝土保护层厚度是指钢筋混凝土构件中最外层钢筋外边缘至混凝土构件表面的距离,其作用是保护钢筋在混凝土结构中不受锈蚀。影响保护层厚度的因素有:环境类别、构件类型、混凝土强度等级以及结构设计年限等。16G101 图集中环境类别的确定见表 1-1-2,钢筋的混凝土保护层的最小厚度应符合表 1-1-3 的要求。

1. 混凝土保护层的最小厚度

表 1-1-2　混凝土结构环境类别表

环境类别		条　件
一		室内干燥环境； 无侵蚀性静水浸没环境
二	a	室内潮湿环境； 非严寒和非寒冷地区的露天环境； 非严寒和非寒冷地区与无侵蚀性的水或土壤直接接触的环境； 严寒和寒冷地区的冰冻线以下与无侵蚀性的水或土壤直接接触的环境
	b	干湿交替环境； 水位频繁变动环境； 严寒和寒冷地区的露天环境； 严寒和寒冷地区的冰冻线以上与无侵蚀性的水或土壤直接接触的环境
三	a	严寒和寒冷地区冬季水位变动区环境； 受除冰盐影响环境； 海风环境
	b	盐渍土环境； 受除冰盐作用环境； 海岸环境
四		海水环境
五		受人为或自然的侵蚀性物质影响的环境

注：① 室内潮湿环境是指构件表面经常处于结露或湿润状态的环境。

② 严寒和寒冷地区的划分应符合现行国家标准《民用建筑热工设计规范》(GB 50176)的有关规定。

③ 海岸环境和海风环境宜根据当地情况，考虑主导风向及结构所处迎风、背风部位等因素的影响，由调查研究和工程经验确定。

④ 受除冰盐影响环境是指受到除冰盐盐雾影响的环境；受除冰盐作用环境是指被除冰盐溶液溅射的环境以及使用除冰盐地区的洗车房、停车楼等建筑。

⑤ 暴露的环境是指混凝土结构表面所处的环境。

表 1-1-3　混凝土保护层的最小厚度

环境类别	板、墙(mm)	梁、柱(mm)
一	15	20
二 a	20	25
二 b	25	35
三 a	30	40
三 b	40	50

注：① 表中混凝土保护层厚度指最外层钢筋外边缘至混凝土表面的距离，适用于设计使用年限为50年的混凝土结构。

② 构件中受力钢筋的保护层厚度不应小于钢筋的公称直径。

③ 一类环境中，设计使用年限为100年的结构最外层钢筋的保护层厚度不应小于表中数值的1.4倍；

二、三类环境中,设计使用年限为 100 年的结构应采取专门的有效措施。

④ 混凝土强度等级不大于 C25 时,表中保护层厚度数值应增加 5。

⑤ 基础底面钢筋的保护层厚度,有混凝土垫层时应从垫层顶面算起,且不应小于 40。

2.钢筋混凝土保护层厚度控制措施

工程中常采用混凝土垫块或卡件,或用 8～12 mm 的钢筋制作成支架或者马凳,来控制和保证普通钢筋混凝土结构的混凝土保护层厚度。

1.1.3　钢筋的锚固

钢筋混凝土构件中,某根钢筋若要发挥其在某个截面的强度,则应从该截面向前延伸一个长度,使钢筋和混凝土共同受力,这一长度称为锚固长度(如图 1-1-3 所示)。它是根据钢筋应力达到屈服强度时钢筋才能被拔动的条件来确定的。

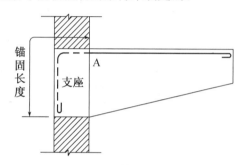

图 1-1-3　钢筋的锚固长度

1.纵向钢筋弯钩与机械锚固形式如图 1-1-4 所示

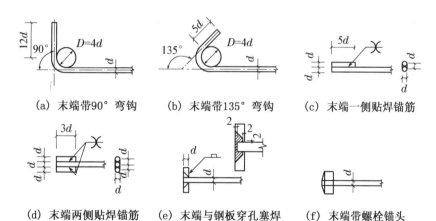

(a) 末端带90° 弯钩　　(b) 末端带135° 弯钩　　(c) 末端一侧贴焊锚筋

(d) 末端两侧贴焊锚筋　(e) 末端与钢板穿孔塞焊　(f) 末端带螺栓锚头

图 1-1-4　受力钢筋的弯钩和机械锚固形式

注:① 当纵向受拉普通钢筋末端采用弯钩或机械锚固措施时,包括弯钩或锚固端头在内的锚固长度(投影长度)可取为基本锚固长度的 60%。

② 焊缝和螺纹长度应满足承载力的要求;螺栓锚头的规格应符合相关标准的要求。

③ 螺栓锚头和焊接钢板的承压面积应不小于锚固钢筋截面积的 4 倍。

④ 螺栓锚头和焊接锚板的钢筋净距小于 $4d$ 时应考虑群锚效应的不利影响。

⑤ 截面角部的弯钩和一侧贴焊锚筋的布筋方向宜向截面内侧偏置。

⑥ 受压钢筋不应采用末端弯钩和一侧贴焊的锚固形式。

2. 钢筋锚固值

为了使钢筋和混凝土共同受力,除了要在钢筋的末端加工弯钩外,还需要把钢筋伸入支座,伸入支座的长度除满足设计要求外,还要求不小于钢筋的基本锚固长度(如表 1-1-4 所示)和锚固长度(如表 1-1-5 所示)。

表 1-1-4　基本锚固长度 l_{ab},l_{abE}

受拉钢筋基本锚固长度 l_{ab}

钢筋种类	混凝土强度等级								
	C20	C25	C30	C35	C40	C45	C50	C55	≥C60
HPB300	39d	34d	30d	28d	25d	24d	23d	22d	21d
HRB335、HRBF335	38d	33d	29d	27d	25d	23d	22d	21d	21d
HRB400、HRBF400	—	40d	35d	32d	29d	28d	27d	26d	25d
HRB500、HRBF500	—	48d	43d	39d	36d	34d	32d	31d	30d

抗震设计时受拉钢筋基本锚固长度 l_{abE}

钢筋种类及抗震等级		混凝土强度等级								
		C20	C25	C30	C35	C40	C45	C50	C55	≥C60
HPB300	一、二级	45d	39d	35d	32d	29d	28d	26d	25d	24d
	三级	41d	36d	32d	29d	26d	25d	24d	23d	22d
HRB335 HRBF335	一、二级	44d	38d	33d	31d	29d	26d	25d	24d	24d
	三级	40d	35d	31d	28d	26d	24d	23d	22d	22d
HRB400 HRBF400	一、二级	—	46d	40d	37d	33d	32d	31d	30d	29d
	三级	—	42d	37d	34d	30d	29d	28d	27d	26d
HRB500 HRBF500	一、二级	—	55d	49d	45d	41d	39d	37d	36d	35d
	三级	—	50d	45d	41d	38d	36d	34d	33d	32d

注:① 四级抗震时,$l_{abE}=l_{ab}$。

② 当锚固钢筋的保护层厚度不大于 5d 时,锚固钢筋长度范围内应设置横向构造钢筋,其直径不应小于 d/4(d 为锚固钢筋的最大直径);对梁、柱等构件间距不应大于 5d,对板、墙等构件间距不应大于 10d,且均不应大于 100(d 为锚固钢筋的最小直径)。

表 1-1-5 受拉钢筋锚固长度 l_a、l_{aE}

受拉钢筋锚固长度 l_a

钢筋种类	混凝土强度等级																
	C20	C25		C30		C35		C40		C45		C50		C55		≥C60	
	$d{\leq}25$	$d{\leq}25$	$d{>}25$	$d{\leq}25$	$d{>}25$	$d{\leq}25$	$d{>}25$	$d{\leq}25$	$d{>}25$	$d{\leq}25$	$d{>}25$	$d{\leq}25$	$d{>}25$	$d{\leq}25$	$d{>}25$	$d{\leq}25$	$d{>}25$
HPB300	39d	34d	—	30d	—	28d	—	25d	—	24d	—	23d	—	22d	—	21d	—
HRB335、HRBF335	38d	33d	—	29d	—	27d	—	25d	—	23d	—	22d	—	21d	—	21d	—
HRB400、HRBF400、RRB400	—	40d	44d	35d	39d	32d	35d	29d	32d	28d	31d	27d	30d	26d	29d	25d	28d
HRB500、HRBF500	—	48d	53d	43d	47d	39d	43d	36d	40d	34d	37d	32d	35d	31d	34d	30d	33d

受拉钢筋抗震锚固长度 l_{aE}

钢筋种类及抗震等级		混凝土强度等级																
		C20	C25		C30		C35		C40		C45		C50		C55		≥C60	
		$d{\leq}25$	$d{\leq}25$	$d{>}25$	$d{\leq}25$	$d{>}25$	$d{\leq}25$	$d{>}25$	$d{\leq}25$	$d{>}25$	$d{\leq}25$	$d{>}25$	$d{\leq}25$	$d{>}25$	$d{\leq}25$	$d{>}25$	$d{\leq}25$	$d{>}25$
HPB300	一、二级	45d	39d	—	35d	—	32d	—	29d	—	28d	—	26d	—	25d	—	24d	—
	三级	41d	36d	—	32d	—	29d	—	26d	—	25d	—	24d	—	23d	—	22d	—
HPB335 HRBF335	一、二级	44d	38d	—	33d	—	31d	—	29d	—	26d	—	25d	—	24d	—	24d	—
	三级	40d	35d	—	30d	—	28d	—	26d	—	24d	—	23d	—	22d	—	22d	—
HRB400 HRBF400	一、二级	—	46d	51d	40d	45d	37d	40d	33d	37d	32d	36d	31d	35d	30d	33d	29d	32d
	三级	—	42d	46d	37d	41d	34d	37d	30d	34d	29d	33d	28d	32d	27d	30d	26d	29d
HRB500 HRBF500	一、二级	—	55d	61d	49d	54d	45d	49d	41d	46d	39d	43d	37d	40d	36d	39d	35d	38d
	三级	—	50d	56d	45d	49d	41d	45d	37d	42d	36d	39d	34d	37d	33d	36d	32d	35d

注:① 当为环氧树脂涂层带肋钢筋时,表中数据尚应乘以 1.25。

② 当纵向受拉钢筋在施工过程中易受扰动时,表中数据尚应乘以 1.1。

③ 当锚固长度范围内纵向受力钢筋周边保护层厚度为 $3d$、$5d$(d 为锚固钢筋的直径)时,表中数据可分别乘以 0.8、0.7;中间时按内插值。

④ 当纵向受拉普通钢筋锚固长度修正系数(注 1~注 3)多于一项时,可按连乘计算。

⑤ 受拉钢筋的锚固长度 l_a、l_{aE} 计算值不应小于 200。

⑥ 四级抗震时,$l_{aE}=l_a$。

⑦ 当锚固钢筋的保护层厚度不大于 $5d$ 时,锚固钢筋长度范围内应设置横向构造钢筋,其直径不应小于 $d/4$(d 为锚固钢筋的最大直径);对梁、柱等构件间距不应大于 $5d$,对板、墙等构件间距不应大于 $10d$,且均不应大于 100(d 为锚固钢筋的最小直径)。

1.2 钢筋的加工与连接

1.2.1 钢筋的加工

钢筋加工是利用钢筋加工机械,通过强化、调直、切断、弯曲、组件成型以及钢筋连接等手段,将盘圆钢筋和直条钢筋加工成钢筋施工所需要的尺寸、形状或者钢筋组件(钢筋笼、钢筋桁架、钢筋网)的过程。

1. 钢筋的加工机械

钢筋的加工机械主要有钢筋强化机械(钢筋冷拉机、钢筋冷拔机等),钢筋成型机械(钢筋调直机、钢筋弯曲机、钢筋切断机等),钢筋焊接机(钢筋对焊机、钢筋电焊机、钢筋弧焊机等)。

2. 钢筋的调直、除锈、切断

(1)调直:钢筋调直宜采用机械方法,也可以采用冷拉。对局部曲折、弯曲或成盘的钢筋在使用前应加以调直。

(2)除锈:可通过钢筋冷拉或钢筋调直机完成;对于钢筋局部除锈可采用电动除锈机或人工钢丝刷、砂盘以及喷砂和酸洗等方法。

(3)切断:钢筋切断可用钢筋切断机或手动剪切器,直径大于 40 mm 的钢筋需用氧气乙炔火焰或电弧割切。切断前,应将同规格钢筋长短搭配,统筹安排,一般先断长料,后断短料,以减少短头和损耗。

3. 钢筋的弯曲成型

钢筋弯曲的顺序是画线、试弯、弯曲成型。画线主要根据不同的弯曲角在钢筋上标出弯折的部位,以外包尺寸为依据,扣除弯曲量度差值。钢筋的弯曲可采用人工弯曲或机械弯曲。

1.2.2 钢筋的连接

钢筋的连接方法主要有绑扎连接、机械连接、焊接连接三类。钢筋连接的核心问题是要通过适当的连接接头将一根钢筋的力传给另一根钢筋。由于钢筋通过连接接头传力总不如整体钢筋,所以钢筋连接的原则是:接头应设置在受力较小处,同一根钢筋上应尽量少设接头;机械连接接头能产生较牢固的连接力,可以优先采用。

1. 绑扎连接

绑扎连接是在钢筋搭接处,在中心及两端用20～22 号铁丝扎牢的钢筋连接方式(如图 1-2-1所示)。其接头的工作原理,是通过钢筋与混凝土之间的黏结强度来传递钢筋的内力。因此,绑扎接头必须保证足够的搭接长度,光圆钢筋的端部还需做弯钩。

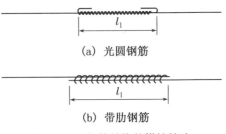

(a) 光圆钢筋

(b) 带肋钢筋

图 1-2-1 钢筋的绑扎搭接接头

（1）绑扎连接接头搭接长度（如表 1-2-1、1-2-2 所示）

表 1-2-1　纵向受拉钢筋搭接长度 l_l

钢筋种类及同一区段内搭接钢筋面积百分率		混凝土强度等级																
		C20	C25		C30		C35		C40		C45		C50		C55		≥C60	
		$d{\leqslant}25$	$d{\leqslant}25$	$d{>}25$	$d{\leqslant}25$	$d{>}25$	$d{\leqslant}25$	$d{>}25$	$d{\leqslant}25$	$d{>}25$	$d{\leqslant}25$	$d{>}25$	$d{\leqslant}25$	$d{>}25$	$d{\leqslant}25$	$d{>}25$	$d{\leqslant}25$	$d{>}25$
HPT300	≤25%	47d	41d	—	36d	—	34d	—	30d	—	29d	—	28d	—	26d	—	25d	—
	50%	55d	48d	—	42d	—	39d	—	35d	—	34d	—	32d	—	32d	—	29d	—
	100%	62d	54d	—	48d	—	45d	—	40d	—	38d	—	37d	—	35d	—	34d	—
HRB335 HRBF335	≤25%	46d	40d	—	35d	—	32d	—	30d	—	28d	—	26d	—	25d	—	25d	—
	50%	53d	46d	—	41d	—	38d	—	35d	—	32d	—	31d	—	29d	—	29d	—
	100%	61d	53d	—	46d	—	43d	—	40d	—	37d	—	35d	—	34d	—	34d	—
HRB400 HRBF400 RRB400	≤25%	—	48d	53d	42d	47d	38d	42d	35d	38d	34d	37d	32d	36d	31d	35d	30d	34d
	50%	—	56d	62d	49d	55d	45d	49d	41d	45d	39d	43d	38d	42d	36d	41d	35d	39d
	100%	—	64d	70d	56d	62d	51d	56d	46d	51d	45d	50d	43d	48d	42d	46d	40d	45d
HRB500 HRBF500	≤25%	—	58d	64d	52d	56d	47d	52d	43d	48d	41d	44d	38d	42d	37d	41d	36d	40d
	50%	—	67d	74d	60d	66d	55d	60d	50d	56d	48d	52d	45d	49d	43d	48d	42d	46d
	100%	—	77d	85d	69d	75d	62d	69d	58d	64d	54d	59d	51d	56d	50d	54d	48d	53d

注：① 表中数值为纵向受拉钢筋绑扎搭接接头的搭接长度。

② 两根不同直径钢筋搭接时，表中 d 取较细钢筋直径。

③ 当为环氧树脂涂层带肋钢筋时，表中数据尚应乘以 1.25。

④ 当纵向受拉钢筋在施工过程中易受扰动时，表中数据尚应乘以 1.1。

⑤ 当搭接长度范围内纵向受力钢筋周边保护层厚度为 $3d$、$5d$（d 为搭接钢筋的直径）时，表中数据尚可分别乘以 0.8、0.7；中间时按内插值。

⑥ 当上述修正系数（注 3～注 5）多于一项时，可按连乘计算。

⑦ 任何情况下，搭接长度不应小于 300。

表 1-2-2　纵向受拉钢筋抗震搭接长度 l_{lE}

钢筋种类及同一区段内搭接钢筋面积百分率			混凝土强度等级																
			C20	C25		C30		C35		C40		C45		C50		C55		≥C60	
			$d{\leqslant}25$	$d{\leqslant}25$	$d{>}25$	$d{\leqslant}25$	$d{>}25$	$d{\leqslant}25$	$d{>}25$	$d{\leqslant}25$	$d{>}25$	$d{\leqslant}25$	$d{>}25$	$d{\leqslant}25$	$d{>}25$	$d{\leqslant}25$	$d{>}25$	$d{\leqslant}25$	$d{>}25$
一、二级抗震等级	HPB300	≤25%	54d	47d	—	42d	—	38d	—	35d	—	34d	—	31d	—	30d	—	29d	—
		50%	63d	55d	—	49d	—	45d	—	41d	—	39d	—	36d	—	35d	—	34d	—
	HRB335 HRBF335	≤25%	53d	46d	—	40d	—	37d	—	35d	—	31d	—	30d	—	29d	—	29d	—
		50%	62d	53d	—	46d	—	43d	—	41d	—	36d	—	35d	—	34d	—	34d	—
	HRB400 HRBF 400	≤25%	—	55d	61d	48d	54d	44d	48d	40d	44d	38d	43d	37d	42d	36d	40d	35d	38d
		50%	—	64d	71d	56d	63d	52d	56d	46d	52d	45d	50d	43d	49d	42d	46d	41d	45d

（续表）

钢筋种类及同一区段内搭接钢筋面积百分率	混凝土强度等级																	
	C20		C25		C30		C35		C40		C45		C50		C55		≥C60	
	d≤25	d>25	d≤25	d>25	d≤25	d>25	d≤25	d>25	d≤25	d>25	d≤25	d>25	d≤25	d>25	d≤25	d>25	d≤25	d>25
HRB500 HRBF500 ≤25%	—		66d	73d	59d	65d	54d	59d	49d	55d	47d	52d	44d	48d	43d	47d	42d	46d
HRB500 HRBF500 50%	—		77d	85d	69d	76d	63d	69d	57d	64d	55d	60d	52d	56d	50d	55d	49d	53d
三级抗震等级 HPB300 ≤25%	49d		43d	—	38d	—	35d	—	31d	—	30d	—	29d	—	28d	—	26d	—
三级抗震等级 HPB300 50%	57d		50d	—	45d	—	41d	—	36d	—	35d	—	34d	—	32d	—	31d	—
三级抗震等级 HRB335 HRBF335 ≤25%	48d		42d	—	36d	—	34d	—	31d	—	29d	—	28d	—	26d	—	26d	—
三级抗震等级 HRB335 HRBF335 50%	56d		49d	—	42d	—	39d	—	36d	—	34d	—	32d	—	31d	—	31d	—
三级抗震等级 HRB400 HRBF400 ≤25%	—		50d	55d	44d	49d	41d	44d	36d	41d	35d	40d	34d	38d	32d	36d	31d	35d
三级抗震等级 HRB400 HRBF400 50%	—		59d	64d	52d	57d	48d	52d	42d	48d	41d	46d	39d	45d	38d	42d	36d	41d
三级抗震等级 HRB500 HRBF500 ≤25%	—		60d	67d	54d	59d	49d	54d	46d	50d	44d	47d	41d	44d	40d	43d	38d	42d
三级抗震等级 HRB500 HRBF500 50%	—		70d	78d	63d	69d	57d	63d	53d	59d	50d	55d	48d	52d	46d	50d	45d	49d

注：① 表中数值为纵向受拉钢筋绑扎搭接接头的搭接长度。

② 两根不同直径钢筋搭接时，表中 d 取较细钢筋直径。

③ 当为环氧树脂涂层带肋钢筋时，表中数据尚应乘以 1.25。

④ 当纵向受拉钢筋在施工过程中易受扰动时，表中数据尚应乘以 1.1。

⑤ 当搭接长度范围内纵向受力钢筋周边保护层厚度为 $3d$、$5d$（d 为搭接钢筋的直径）时，表中数据尚可分别乘以 0.8、0.7；中间时按内插值。

⑥ 当上述修正系数（注 3～注 5）多于一项时，可按连乘计算。

⑦ 任何情况下，搭接长度不应小于 300。

⑧ 四级抗震等级时，$l_{IE}=l_1$。详见图集 16G101－1 第 60 页。

（2）钢筋绑扎连接应遵循的原则

① 轴心受拉及小偏心受拉杆件的纵向钢筋不得采用绑扎搭接接头，其他构件中的钢筋采用绑扎搭接时，受拉钢筋直径不宜大于 25 mm，受压钢筋直径不宜大于 28 mm。

② 任何情况下，纵向受拉钢筋绑扎搭接长度均不小于 300 mm。两根不同直径钢筋搭接时，d 取较细钢筋直径。四级抗震时，取 $l_1=l_{IE}$。

③ 同一构件中的相邻纵向受力钢筋的绑扎接头宜相互错开，以避免变形、裂缝集中于接头区域，影响传力性能。钢筋绑扎搭接接头连接区段的长度为 1.3 倍钢筋搭接长度，凡搭接接头中心点位于该连接区段长度内的搭接接头均属于同一连接区段，如图 1-2-2 所示。同一连接区段内纵向受力钢筋搭接接头面积百分率为该区段内有搭接接头的纵向钢筋与全部纵向受力钢筋截面面积的比值。

位于同一连接区段内的受拉钢筋搭接接头的面积百分率不宜大于 50%。

④ 在纵向受力钢筋搭接长度范围内应配置加密箍筋，以确保对被连接钢筋的约束。为避免受压端面压碎混凝土，尚应在搭接接头的两个端点外 100 mm 范围内各设置两个箍筋。搭接接头区域的配箍构造措施对保证搭接传力性能防止局部挤压裂缝非常重要。

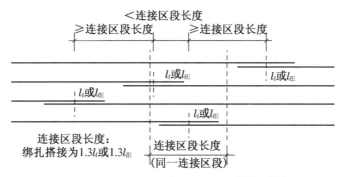

图 1-2-2 同一连接区段内的纵向受拉钢筋绑扎搭接接头

2. 机械连接

钢筋的机械连接是通过连接件直接或间接的机械咬合作用或钢筋端面的承压作用将一根钢筋的力传递到另一根钢筋的过程。

（1）机械连接的主要形式

机械连接的主要形式，如图 1-2-3 所示。形式一是钢筋横肋与套筒的咬合，如套筒挤压；形式二是在钢筋表面加工出螺纹与套筒的螺纹之间的传力，如直螺纹和锥螺纹；形式三是在钢筋与套筒之间灌注高强的胶凝液体，通过中间介质实现应力传递。

(a) 套筒挤压　　　　(b) 加工螺纹与套筒螺纹　　　　(c) 灌注高强液体

图 1-2-3 钢筋的机械连接

（3）机械连接应遵循的原则

① 纵向受力钢筋的机械连接接头宜相互错开。钢筋机械连接区段的长度为 $35d$（d 为连接钢筋的较小直径）。凡接头中点位于该连接区段长度内的机械连接接头均属于同一连接区段，如图 1-2-4 所示。

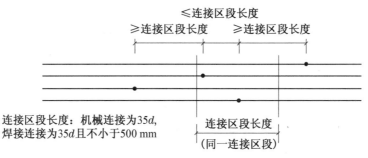

连接区段长度：机械连接为 $35d$，焊接连接为 $35d$ 且不小于 500 mm

图 1-2-4 同一连接区段内的纵向受拉钢筋机械连接、焊接接头

② 位于同一连接区段内的纵向受拉钢筋接头面积百分率不宜大于 50％，但对板、墙、柱及预制构件的拼接处，可根据实际情况放宽。纵向受压钢筋的接头面积百分率可不受限制。

③ 机械连接套筒的保护层厚度应满足有关钢筋最小保护层厚度的规定。机械连接套筒的横向净间距不宜小于 25 mm；套筒处箍筋的间距应满足构造要求。

④ 直接承受动力荷载结构构件中的机械连接接头，除应满足设计要求的抗疲劳性能外，位于同一连接区段内的纵向受力钢筋接头面积百分率不应大于 50％。

3. 焊接连接

钢筋的焊接连接是利用电阻、电弧或者燃烧气体加热钢筋端头使之熔化并用加压或增加熔融的金属焊接材料，使之连成一体的连接方式。

（1）焊接连接的主要方法有：电渣压力焊、闪光对焊、电弧焊、气压焊、点焊等，如图1-2-5所示。

（a）电渣压力焊　　　　　　　　（b）闪光对焊　　　　　　　（c）电弧焊

图 1-2-5　钢筋的焊接

（2）焊接连接应遵循的原则

① 纵向受力钢筋的焊接接头应相互错开。钢筋焊接接头连接区段的长度为 35d（d 为连接钢筋的较小直径）且不小于 500 mm，凡接头中点位于该连接区段长度内的焊接接头均属于同一连接区段。

② 纵向受拉钢筋的接头面积百分率不宜大于 50％，但对预制构件的拼接处，可根据实际情况放宽。纵向受压钢筋的接头面积百分率可不受限制。

1.2.3　封闭箍筋及拉筋弯钩构造

通常情况下，箍筋应做成封闭式，梁、柱、剪力墙等封闭箍筋及拉筋弯钩构造，如图1-2-6所示。

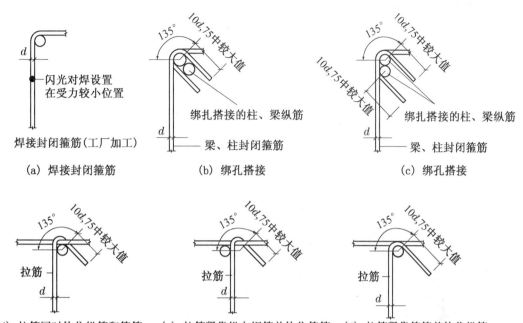

（a）焊接封闭箍筋　　　（b）绑孔搭接　　　　　（c）绑孔搭接

（d）拉筋同时钩住纵筋和箍筋　　（e）拉筋紧靠纵向钢筋并钩住箍筋　　（f）拉筋紧靠箍筋并钩住纵筋

图 1-2-6　封闭箍筋及拉筋弯钩构造

注：非框架梁以及不考虑地震作用的悬挑梁，箍筋及拉筋弯钩平直段长度可为 $5d$；当其受扭时，应为 $10d$。

1.3　钢筋计算基本原理

1.3.1　钢筋图示长度和下料长度

1. 钢筋图示长度

结构施工图中所标注的钢筋长度是钢筋的外皮长度，即外包长度。外包长度也称为钢筋的图示长度，是构件截面长度减去钢筋混凝土保护层厚度后的长度，如图 1-3-1 所示。

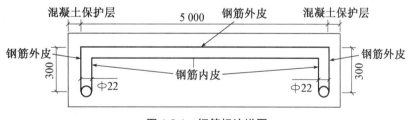

图 1-3-1　钢筋标注详图

2. 钢筋下料长度

钢筋下料长度是指钢筋中心线长度，是钢筋的外包长度（图示长度）减去钢筋弯曲调整值后的长度。其计算的原则是依据结构施工图中构件的钢筋标注，参照相关规范规定和钢筋平法图集，综合考虑施工机械和施工方法，计算出构件的每一种钢筋的配料切断长度和钢筋根数,作为钢筋加工配料的依据。如图 1-3-2 所示。

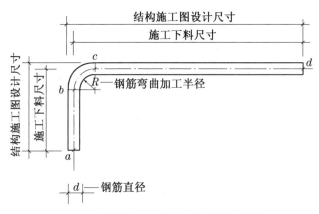

图 1-3-2   结构施工图上所示钢筋的尺寸界限

钢筋下料的关键是确定钢筋在什么地方断开,在什么地方搭接或者焊接,不是随便什么地方都可搭接的,一要满足施工质量验收规范要求,搭接位置不宜位于构件的最大弯矩处;二要考虑采购钢筋的长度与允许下料长度的实际可操作性。

1.3.2　钢筋弯曲调整值

钢筋弯曲后,在弯曲点两侧外包尺寸与中心线之间有一个长度差值,称为钢筋弯曲调整值,也叫钢筋量度差值。钢筋在弯曲过程中,外侧表面受到张拉而伸长,内侧表面受到压缩而缩短,而钢筋加工变形以后,钢筋中心线的长度是不改变的。钢筋外皮尺寸量度差值可以用下式计算,也可通过表 1-3-1 查得。

钢筋量度差值＝钢筋外皮长度之和－钢筋中心线长度

表 1-3-1   钢筋弯曲量度差值

弯曲角度		HPB300 级钢筋	HRB335、400、500 级钢筋以及平法框架主筋				
	弯弧内直径	$D=2.5d$	$D=4d$	$D=6d$	$D=7d$	$D=12d$	$D=16d$
	弯弧半径	$r=1.25d$	$r=2d$	$r=3d$	$r=3.5d$	$r=6d$	$r=8d$
30°			$0.29d$	$0.298d$	$0.31d$	$0.316d$	$0.348d$	$0.373d$
45°			$0.49d$	$0.52d$	$0.568d$	$0.59d$	$0.694d$	$0.78d$
60°			$0.765d$	$0.85d$	$0.949d$	$1.002d$	$1.276d$	$1.491d$
90°			$1.751d$	$2.08d$	$2.505d$	$2.72d$	$3.79d$	$4.648d$
135°			$2.24d$	$2.89d$	$3.066d$	$3.032d$	$4.484d$	$5.428d$
180°			$3.502d$					

注:钢筋弯折的弯弧内直径 D 应符合下列规定:

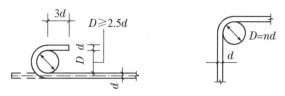

① 光圆钢筋,不应小于钢筋直径的 2.5 倍。

② 335 MPa 级、400 MPa 级带肋钢筋,不应小于钢筋直径的 4 倍。

③ 500 MPa 级带肋钢筋,当直径 $d \leqslant 25$ 时,不应小于钢筋直径的 6 倍;当直径 $d > 25$ 时,不应小于钢筋直径的 7 倍。

④ 位于框架结构顶层端节点处的梁上部纵向钢筋和柱外侧纵向钢筋,在节点角部弯折处,当钢筋直径 $d \leqslant 25$ 时,不应小于钢筋直径的 12 倍;当直径 $d > 25$ 时,不应小于钢筋直径的 16 倍。

⑤ 箍筋弯折处尚不应小于纵向受力钢筋直径;箍筋弯折处纵向受力钢筋为搭接或并筋时,应按钢筋实际排布情况确定箍筋弯弧内直径。

【例 1-3-1】　计算下图中钢筋的图示长度和下料长度。已知:图中标注尺寸为外皮尺寸,$R = 1.25d$,HPB300 级钢筋,钢筋直径为 22 mm。

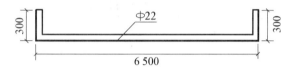

解:查表 1-3-1 可知量度差值为 $1.751d$。

钢筋的图示长度 $= 6\,500 + 300 \times 2 = 7\,100$ mm

钢筋的下料长度 $= 6\,500 + 300 \times 2 - 2 \times 1.751 \times 22 = 7\,023$ mm

1.3.3　钢筋的重量

在钢筋工程量的计算中,最终是要计算出钢筋的总重量,当算出了钢筋的长度后,再乘以钢筋每米的重量就可以得出钢筋的总重量。钢筋每米重量见表 1-3-2 所示。

表 1-3-2　钢筋的计算截面面积及理论重量

公称直径 /mm	不同根数钢筋的计算截面面积/mm²									单根钢筋理论重量 /(kg/m)
	1	2	3	4	5	6	7	8	9	
6	28.3	57	85	113	142	170	198	226	255	0.222
8	50.3	101	151	201	252	302	352	402	453	0.395
10	78.5	157	236	314	393	471	550	628	707	0.617
12	113.1	226	339	452	565	678	791	904	1 017	0.888
14	153.9	308	461	615	769	923	1 077	1 231	1 385	1.21
16	201.1	402	603	804	1 005	1 206	1 407	1 608	1 809	1.58
18	254.5	509	763	1 017	1 272	1 527	1 781	2 036	2 290	2.00(2.11)
20	314.2	628	942	1 256	1 570	1 884	2 199	2 513	2 827	2.47

公称直径 /mm	不同根数钢筋的计算截面面积/mm²									单根钢筋理论重量 /(kg/m)
	1	2	3	4	5	6	7	8	9	
22	380.1	760	1 140	1 520	1 900	2 281	2 661	3 041	3 421	2.98
25	490.9	982	1 473	1 964	2 454	2 945	3 436	3 927	4 418	3.85(4.10)
28	615.8	1 232	1 847	2 463	3 079	3 695	4 310	4 926	5 542	4.83
32	804.2	1 609	2 413	3 217	4 021	4 826	5 630	6 434	7 238	6.31(6.65)
36	1 017.9	2 036	3 054	4 072	5 089	6 107	7 125	8 143	9 161	7.99
40	1 256.6	2 513	3 770	5 027	6 283	7 540	8 796	10 053	11 310	9.87(10.34)
50	1 963.5	3 928	5 892	7 856	9 820	11 784	13 748	15 712	17 676	15.42(16.28)

注:括号内为预应力螺纹钢筋的数值

1.4 钢筋代换

1.4.1 钢筋代换的原则

(1) 等强度代换:当构件受强度控制时,钢筋可按强度相等原则进行代换。
(2) 等面积代换:当构件按最小配筋率配筋时,钢筋可按面积相等原则进行代换。
(3) 当构件受裂缝宽度或挠度控制时,代换后应进行裂缝宽度或挠度验算。

1.4.2 钢筋代换计算与实例

(1) 计算公式

$$n_2 \geqslant \frac{n_1 d_1^2 f_{y1}}{d_2^2 f_{y2}}$$

式中:n_2——代换钢筋根数;

n_1——原设计钢筋根数;

d_2——代换钢筋直径;

d_1——原设计钢筋直径;

f_{y2}——代换钢筋抗拉强度设计值;

f_{y1}——原设计钢筋抗拉强度设计值。

(2) 两种特例

① 设计强度相同、直径不同的钢筋代换:$n_2 \geqslant n_1 \dfrac{d_1^2}{d_2^2}$

② 直径相同、强度设计值不同的钢筋代换:$n_2 \geqslant n_1 \dfrac{f_{y1}}{f_{y2}}$

(3) 钢筋代换后,有时由于受力钢筋直径加大或根数增多而需要增加排数,则构件截面

的有效高度 h_0 减小,截面强度降低。通常对这种影响可凭经验适当增加钢筋面积,然后再进行截面强度复核。

对矩形截面受弯构件,可根据弯矩相等的原则,按下列公式复核截面强度。

$$N_2' \left(h_{02} - \frac{N_2}{2f_cb} \right) \geqslant N_1 \left(h_{01} - \frac{N_1}{2f_cb} \right)$$

式中:N_1——原设计的钢筋拉力,等于 $A_{s1}f_{y1}$(A_{s1} 为原设计钢筋的截面面积,f_{y1} 为原设计钢筋的抗拉强度设计值);

　　　N_2——代换钢筋拉力,同上;

　　　h_{01}——原设计钢筋的合力点至构件截面受压边缘的距离;

　　　h_{02}——代换钢筋的合力点至构件截面受压边缘的距离;

　　　f_c——混凝土的抗压强度设计值;

　　　b——构件截面宽度。

【例 1-4-1】　有一块 4 m 净宽的现浇钢筋混凝土楼板,原设计的底部纵向受力采用 HPB300 级Φ10@100 钢筋,共 38 根。现拟改用 HRB335 级Φ10 钢筋,求所需Φ10 钢筋根数及其间距。

解:$n_2 = 38 \times 210/300 = 27$(根)

间距 $= 100 \times 38/27 = 140.74$ mm,取 140 mm。

【例 1-4-2】　有一根 350 mm 宽的现浇混凝土梁,原设计的底部纵向受力钢筋采用 HRB400 级Φ22 钢筋,共 8 根,分两排布置,底排为 4 根,上排为 4 根。现拟改用 HRB335 级Φ25 钢筋,求所需Φ25 钢筋根数。

解:$n_2 = 8 \times (22^2 \times 360)/(25^2 \times 300) = 7.43$(根),取 8 根。

1.4.3　钢筋代换注意事项

钢筋代换时,必须充分了解设计意图和代换材料性能,并严格遵守现行国家规范《混凝土结构设计规范》(2015 年版)(GB 50010—2010)的各项规定;凡重要结构中的钢筋代换,应征得设计单位同意。

(1)对某些重要构件,如吊车梁、薄腹梁、桁架下弦等,不宜用 HPB300 级光圆钢筋代替 HRB335 和 HRB400 级带肋钢筋。

(2)无论采用哪种方法进行钢筋代换后,都应满足配筋构造规定,如钢筋的最小直径、间距、根数、锚固长度等。

(3)同一截面内,可同时配有不同种类和直径的代换钢筋,但每根钢筋的拉力差不应过大(如同品种钢筋的直径差值一般不大于 5 mm),以免构件受力不均匀。

(4)梁的纵向受力钢筋与弯起钢筋应分别代换,以保证正截面与斜截面强度。

(5)偏心受压构件(如框架柱、有吊车厂房柱、桁架上弦等)或偏心受拉构件进行钢筋代换时,不取整个截面配筋量计算,应按受力面(受压或受拉)分别进行计算代换。

(6)用高强度钢筋代换低强度钢筋时应注意构件所允许的最小配筋百分率和最少根数。

(7)用几种直径的钢筋代换一种钢筋时,较粗钢筋位于构件角部。

(8)当构件受裂缝宽度或挠度控制时,如用粗钢筋等强度代换细钢筋,或用 HPB300 级光面钢筋代换 HRB335 级螺纹钢筋,应重新验算裂缝宽度;如以小直径钢筋代换大直径钢筋,强度等级低的钢筋代替强度等级高的钢筋时,则可不进行裂缝宽度验算;如代换后钢筋总截面面积减少,应同时验算裂缝宽度和挠度。

(9)根据钢筋混凝土构件的受力情况,如果经过截面的承载力和抗裂性能验算,确认设计因荷载取值过大配筋偏大或虽然荷载取值符合实际但验算结果发现原配筋偏大,从而进行钢筋代换时,可适当减少配筋。但须征得设计方同意,施工方不得擅自减少设计配筋。

(10)偏心受压构件非受力的构造钢筋在计算时并未考虑,不参与代换,即不能按全截面进行代换,否则导致受力代换后截面小于原设计截面。

1.5　混凝土结构平面整体表示方法概述

1.5.1　平法概述

平法是《混凝土结构施工图平面整体表示方法制图规则和构造详图》的简称,包括制图规则和构造详图,就是把结构构件的尺寸和配筋等信息,按照平面整体表示方法制图规则,整体直接表达在各类构件的结构平面布置图上,再与标准构造详图配合,构成一套新型完整的结构设计图。

1.5.2　平法基本原理

平法视全部设计过程与施工过程为一个完整的主系统,主系统由多个子系统构成。平法包括以下几个子系统:(1)基础结构;(2)柱、墙结构;(3)梁结构;(4)板结构。各子系统有明确的层次性、关联性、相对完整性。

所谓层次性:基础→柱、墙→梁→板,无论从设计过程还是施工过程都是按这个流程完成,层次非常清晰,具有很强的内在逻辑性。

所谓关联性:基础→关联→柱、墙(以基础为支座);柱→关联→梁(以柱为支座);梁→关联→板(以梁为支座),构件的关联其实也就是力的传递路径问题。板的荷载传递给梁,梁的荷载传递给柱、墙,柱、墙的荷载传递给基础。节点通常关联到多个构件的连接,它不可能单独存在。首先确定它的归属,即节点本体归属两类构件之一;其次确定主次,即谁是支撑体系,构件节点关联,最后可判断谁是谁的支座。基础应在支承柱的位置保持连续,柱应在其支承梁的位置保持连续,梁应在其支承板的位置保持连续。框架结构各构件关系如图 1-5-1所示。

相对完整性:基础自成体系,无柱或墙的设计内容;柱墙自成体系,无梁的设计内容;梁自成体系,无板的设计内容;板自成体系,仅有板自身的设计内容。在设计出图的表现形式上它们都是独立的板块。

平法贯穿了工程生命周期的全过程。从应用的角度讲,平法就是一套有构造详图的制图规则。

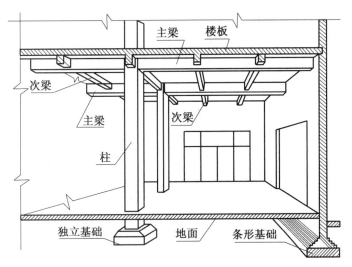

图 1-5-1　框架结构各构件关系示意图

1.5.3　平法设计施工图一般原则

按平法设计绘制的施工图,一般是由各类结构构件的平法施工图和标准构造详图两大部分构成(平法图集也是正式设计文件)。对于复杂的房屋建筑,尚需增加模板、开洞和预埋件等平面图。只有在特殊情况下,才需增加剖面配筋图。

在平法施工图上,应将所有构件进行编号,编号中含有类型代号和序号等。其中,类型代号应与平法标准构造详图上所注类型代号一致,不能自行其是而造成不必要的歧义和混乱。

在平法施工图上,应注明各结构层楼地面标高、结构层高及相应的结构层号等。

按平法设计绘制结构施工图时,必须根据具体工程设计,按照各类构件的平法制图规则,在按结构层绘制的平面布置图上直接表示各构件的尺寸、配筋和所选用的标准构造详图。

平法有三种表示方法:平面注写方式、列表注写方式和截面注写方式。其中平面注写方式分为集中标注和原位标注。集中标注是构件的必注项及构件的相同项,当集中标注中的某项数据不适用于构件某部位时则用原位标注,当原位标注与集中标注不一致时,原位标注优先。集中标注的信息包括构件截面尺寸、钢筋参数等通用数据,有些是必注值,有些则属于选注值。原位标注表示构件的特殊属性。

第2章 板钢筋计算与翻样

学习目的:1. 了解板、板钢筋的分类;
2. 掌握板集中标注、原位标注方法;
3. 能识读板的平法施工图;
4. 掌握板钢筋的构造与图示长度的计算;
5. 能进行板钢筋下料长度的计算与翻样。

教学时间: 10 学时

教学过程/教学内容/参考学时:

教学过程	教学内容	参考学时
2.1 板钢筋平法识图	有梁楼盖板	2
	无梁楼盖板	
2.2 有梁楼盖板配筋构造	有梁楼盖楼(屋)面板钢筋构造	2
	板钢筋在端部支座的锚固构造	
	悬挑板配筋构造	
2.3 有梁楼盖板钢筋图示长度计算及计算实例	板下部贯通纵筋	4
	板上部非贯通纵筋	
	板钢筋图示长度计算实例	
2.4 有梁楼盖板钢筋下料长度计算及计算实例	板钢筋下料长度计算	1
	板钢筋下料长度计算实例	
2.5 工程实例	实例计算	1
共计		**10**

2.1　板钢筋平法识图

钢筋混凝土框架结构楼盖体系主要分为有梁楼盖和无梁楼盖,有梁楼盖楼(屋)面板按其受力情况可分为单向板和双向板:① 当长边与短边长度之比小于或等于 2.0 时,应按双向板计算;② 当长边与短边长度之比大于 2.0,但小于 3.0 时,宜按双向板计算;当按沿短边方向受力的单向板计算时,应沿长边方向布置足够数量的构造钢筋;③ 当长边与短边长度之比大于或等于 3.0 时,可按沿短边方向受力的单向板计算。

按其支承情况可分为简支板、多跨连续板与悬挑板,按其使用功能可分为楼面板、屋面板、楼梯板、雨篷板、阳台板等。

2.1.1　有梁楼盖板

现浇混凝土有梁楼盖板是指以梁为支座的楼面与屋面板(如图 2-1-1 所示)。有梁楼盖的制图规则也适用于梁板式转换层、剪力墙结构、砌体结构、有梁地下室的楼面和屋面板的设计施工图。

图 2-1-1　有梁楼盖板

1. 板钢筋分类

板中的钢筋主要有贯通纵筋、非贯通纵筋、分布筋和其他钢筋等,其分类如图 2-1-2 所示。

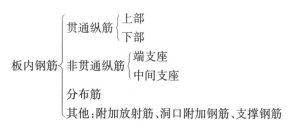

图 2-1-2　板钢筋分类

(1)按板钢筋所处结构平面的坐标方向不同,板钢筋可分为 X 向钢筋和 Y 向钢筋(如图 2-1-3 所示),具体如下:

① 当两向轴网正交布置时,图面从左至右为 X 方向,从下至上为 Y 方向;

② 当轴网转折时,局部坐标方向顺轴网转折角度做相应的转折;

③ 当轴网向心布置时,切向为 X 方向,径向为 Y 方向。

（2）按板钢筋在同一截面所处高低位置不同可分为下部钢筋和上部钢筋，在平面图中，下部钢筋通常用 B 代表，上部钢筋通常用 T 代表。

（3）按钢筋的长短不同可分为贯通钢筋和非贯通钢筋。

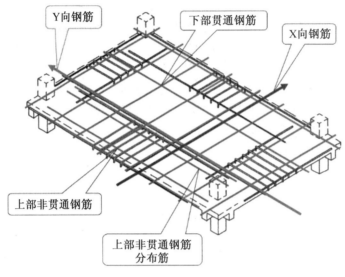

图 2-1-3 板内钢筋类型

2. 施工图识读

板平法施工图是在楼面板和屋面板布置图上，采用平面注写的表达方式表示板配筋，内容包括板块集中标注和板支座原位标注（如图 2-1-4 所示）。

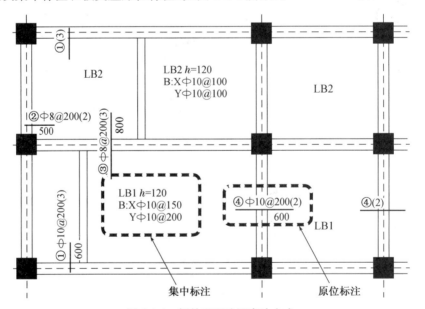

图 2-1-4 板的平面注写表达方式

（1）板块集中标注

板块集中标注的内容为：板块编号、板厚、贯通纵筋以及当板面标高不同时的标高高差四个方面。

① 板块编号

板块标注时，对于普通楼面或屋面，X 向和 Y 向均以一跨为一板块标注，对于密肋楼盖或屋盖，X 向和 Y 向均以一跨主梁为一板块标注。

所有板块应以阿拉伯数字由小到大逐一编号，相同编号的板块可择其一做集中标注，其他仅注写置于圆圈内的板编号以及当板面标高不同时的标高高差，如 LB1、LB2、LB3……，WB1、WB2、WB3……。标注时还应注意不同板类型的代号，如表 2-1-1 所示：

表 2-1-1　板块编号

板类型	代号	序号
楼面板	LB	××
屋面板	WB	××
悬挑板	XB	××

② 板厚

板块注写为 $h=\times\times\times$；当悬挑板的端部改变截面厚度时，用斜线分隔根部与端部的高度值，注写为 $h=\times\times\times/\times\times\times$；当设计已在图注中统一注明板厚时，此项可不注。

③ 纵筋

纵筋按板块的下部和上部贯通钢筋分别注写（当板块上部不设贯通钢筋时则不注），并以 B 代表下部纵筋，T 代表上部纵筋；B & T 代表下部与上部；X 向纵筋以 X 打头，Y 向纵筋以 Y 打头，两向纵筋配置相同时则以 X & Y 打头。

当在某些板内（例如在悬挑板 XB 的下部）配置有构造钢筋时，则 X 向以 X_c，Y 向以 Y_c 打头注写。

④ 板面标高高差

系指相对于结构层楼面标高的高差，应将其注写在括号内，且有高差时标注，无高差时不标注。

【例 2-1-1】 如图 2-1-5 所示，说明板集中标注所包括的内容。

图 2-1-5(a) 中，LB1 表示 1 号楼面板，板厚 120 mm，B 表示下部贯通纵筋：X 向 Φ 10 @ 100，Y 方向 Φ 10 @150。

图 2-1-5(b) 中，XB2 表示 2 号悬挑版，板的根部厚度为 120 mm，端部厚度为 80 mm，B 表示下部构造钢筋：X 方向为 Φ 8 @150，Y 方向为 Φ 8 @200，T 表示上部贯通钢筋：X 方向为 Φ 8 @150，Y 方向按⑤号筋布置。

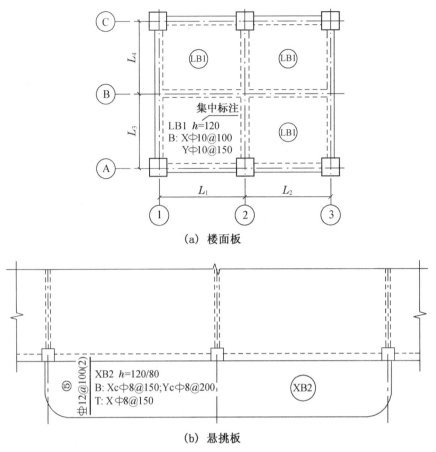

(a) 楼面板

(b) 悬挑板

图 2-1-5　板平法集中标注

(2) 板支座原位标注

板支座原位标注的内容为:板支座上部非贯通纵筋和悬挑板上部受力钢筋。

板支座原位标注的钢筋,应在配置相同跨的第一跨表达(当在梁悬挑部位单独配置时则在原位标注)。在配置相同跨的第一跨(或梁悬挑部位)、垂直于板支座处绘制一段适宜长度的中粗实线,以该线段代表支座上部非贯通钢筋。

1) 非贯通钢筋线段上方注写

非贯通钢筋线段上方注写钢筋编号、配筋值、横向连续布置的跨度以及是否横向布置到梁的悬挑端。

① 钢筋编号,以①、②、③……等数序编制;

② 横向连续布置的跨度,应注写在括号内,仅为一跨时可不注写;如ϕ8@150(6),括号内的6指的是连续布置的跨度为6跨;

③ 横向布置到梁的悬挑端,分别以 A 和 B 表示横向布置到一端的悬挑部位和到两端的悬挑部位,如ϕ8@150(5A)和如ϕ8@150(5B),表示连续布置 5 跨加一端的悬挑部位和连续布置 5 跨加两端的悬挑部位。

2) 非贯通钢筋线段下方注写

非贯通钢筋线段下方注写:板支座上部非贯通筋自支座中线向跨内的延伸长度。当跨中间支座上部非贯通筋向支座两侧对称伸出时,可仅在一侧注写(如图 2-1-6(a)所示);当支座两侧非对称伸出时,则需要在两侧分别注写(如图 2-1-6(b)所示)。

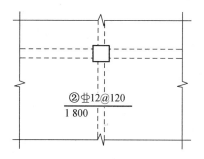 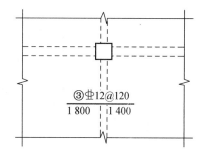

(a) 板支座上部非贯通筋对称伸出　　　　　(b) 板支座上部非贯通筋非对称伸出

图 2-1-6　板支座上部非贯通筋自支座中线向跨内伸出标注

对线段画至对边贯通全跨或贯通全悬挑长度的上部通长纵筋,贯通全跨或伸出至全悬挑一侧的长度值不注,只注明非贯通筋另一侧的伸出长度值,如图 2-1-7 所示。

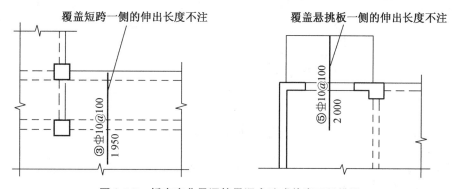

图 2-1-7　板支座非贯通筋贯通全跨或伸出至悬挑端

【**例 2-1-2**】　在图 2-1-8 中,说明板原位标注所包括的内容。

图 2-1-8(a)中,② Φ8@150 表示:编号为 2 号的上部非贯通筋,直径为 8 mm,间距为150 mm,在 Ⓑ号轴线支座处连续布置两跨,延伸长度均为 1 000 mm;在② 号轴线支座处连续布置两跨,延伸的长度分别为 900 mm 和 1 000 mm。

图 2-1-8(b)中,③Φ12@100(2)表示:编号为 3 号的上部非贯通筋,直径为 12 mm,间距为 100 mm,作为悬挑板上部 Y 方向的非贯通钢筋和受力主筋连续两跨布置,一端向跨内延伸 2 100 mm,另一端伸至悬挑端部。而悬挑板上部 X 方向配筋为:T:XΦ8@150,作为悬挑板上部非贯通钢筋的分布钢筋连续两跨布置。

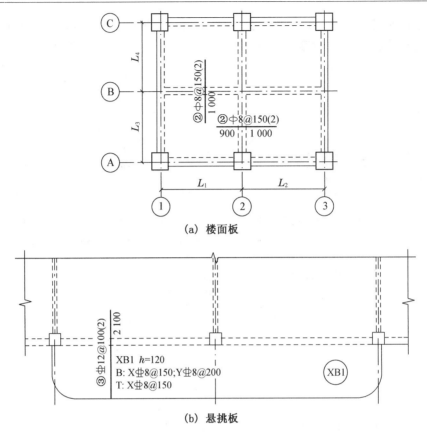

(a) 楼面板

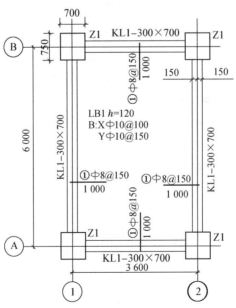

(b) 悬挑板

图 2-1-8 板平法原位标注

【例 2-1-3】 在图 2-1-9 单跨板的平法标注中,说明此板块集中标注和原位标注所包括的内容。

图 2-1-9 单跨板平法标注

注:未注明分布筋为Ⱶ8@250,温度筋为Ⱶ8@200

图2-1-9中,集中标注处包含的内容为:LB1厚度为120 mm,板下部贯通纵筋在X向直径为10 mm,间距为100 mm;在Y向直径为10 mm,间距为150 mm。

图中原位标注处包含的内容为:① 号上部非贯通纵筋直径为8 mm,间距为150 mm,伸入支座的长度为1 000 mm,沿①、②、Ⓐ、Ⓑ轴线布置;① 号非贯通纵筋的分布筋为Φ8@250,分别沿①、②、Ⓐ、Ⓑ上部非贯通的布置方向的垂直方向布置;板面温度筋均为Φ8@200。

2.1.2　无梁楼盖板

板直接由柱子支承,称为无梁板。由于柱子直接支承板,为减小板跨和防止局部破坏,要增大柱子与板的接触面积,通常要在柱的顶部设置柱帽和托板。这种楼板结构顶棚平整,室内净高大,采光通风好,通常用于商场、仓库、展厅等大型空间中,如图2-1-10所示。

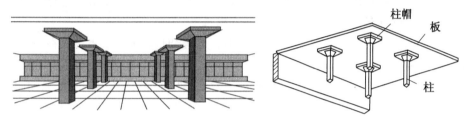

图2-1-10　无梁楼盖

1. 施工图识读

无梁楼盖平法施工图是指在楼面板和屋面板布置图上采用平面注写的表达方式的施工图。板平面注写主要有板带集中标注、板带支座原位标注两部分内容。

(1) 板带集中标注

集中标注应在板带贯通纵筋配置相同跨的第一跨(X向为左端跨,Y向为下端跨)注写。相同编号的板带可择其一做集中标注,其他仅注写板带编号(注在圆圈内)。板带集中标注的具体内容为:板带编号、板带厚和板带宽及贯通纵筋。

① 板带编号

板带编号按表2-1-2规定。

表2-1-2　板带编号

板带类型	代号	序号	跨数及有无悬挑
柱上板带	ZSB	××	(××)、(××A)或(××B)
跨中板带	KZB	××	(××)、(××A)或(××B)

注:① 跨数按柱网轴线计算(两相邻柱轴线之间为一跨);

② (××A)为一端有悬挑,(××B)为两端有悬挑,悬挑不计入跨数。

② 板带厚和板带宽

板带厚注写为$h=××$,板带宽注写为$b=××$。当无梁楼盖整体厚度和板带宽度已在图中注明时,此项可不注。

③ 贯通纵筋

贯通纵筋按板带的下部和上部分别注写,并以 B 代表下部,T 代表上部,B&T 代表下部与上部。X 向贯通纵筋以 X 打头,Y 向贯通纵筋以 Y 打头,当采用放射配筋时,设计者应注明配筋间距的度量位置并加注"放射分布"四字,必要时应绘制平面配筋图。

【例 2-1-4】 设有一板带注写为:ZSB2(5A)$h=300$ $b=3000$ BΦ16@100 TΦ18@200。表示 2 号柱上板带,有 5 跨且一端悬挑;板带厚 300 mm,宽 3000 mm;板带配置贯通纵筋下部为Φ16@100,上部为Φ18@200。

(2) 板带支座原位标注

① 板带支座原位标注的具体内容为:板带支座上部非贯通纵筋。

以一段与板带同向的中粗实线代表板带支座上部非贯通纵筋;对柱上板带,实线段贯穿柱上区域绘制;对跨中板带,实线段贯穿柱网轴线绘制。在线段上方注写钢筋编号、配筋值及在线段下方注写自支座中线向两侧跨内的伸出长度。

当板带支座非贯通纵筋自支座中线向两侧对称伸出时,其伸出长度可仅在一侧标注;当配置在有悬挑端的边柱上时,该筋延伸至悬挑尽端的延伸长度不标注,只标注支座中线到另侧跨内的延伸长度。当支座上部非贯通纵筋呈放射分布时,设计者应注明配筋间距的定位位置。

不同部位的板带支座上部非贯通纵筋相同者,可仅在一个部位进行注写,其余则在代表非贯通纵筋的线段上注写编号。

【例 2-1-5】 平面布置图某部位,在横跨板带支座绘制的对称线段上注有⑦Φ18@250,在线段一侧的下方注有 1 500。

表示支座上部⑦号非贯通纵筋为Φ18@250,自支座中线向两侧跨内的伸出长度均为 1 500 mm。

② 当板带上部已经配有贯通纵筋,但需增配板支座上部非贯通纵筋时,应结合已配置的同向贯通纵筋的直径与间距采取"隔一布一"方式布置。

【例 2-1-6】 设有一板带上部已配置贯通纵筋Φ18@240,板带支座上部非贯通纵筋为③Φ20@240,则板带在该位置实际配置的上部纵筋为Φ18 和Φ20,间隔布置,二者之间间距为 120 mm,其中 1/2 为贯通纵筋,1/2 为号③非贯通纵筋。

从上述介绍的内容中可以看出,无梁楼盖的板带支座非贯通纵筋的原位标注和有关规定,与有梁楼盖上部非贯通纵筋(即支座负筋)的标注方式和有关规定是完全一致的。

2. 暗梁的表示方式

暗梁设置在柱上板带之内。施工图中在柱轴线处画中粗虚线表示暗梁。暗梁的平面注写包括暗梁集中标注、暗梁支座原位标注两部分内容。

(1) 暗梁集中标注包括暗梁编号(AL)、暗梁截面尺寸(箍筋外皮宽度×板厚)、暗梁箍筋、暗梁上部通长筋和架立筋四部分内容。除暗梁编号外,其他注写方式同梁平法标注。

(2) 暗梁支座原位标注包括梁支座上部纵筋、梁下部纵筋。当暗梁上集中标注的内容不适用于某跨或某悬挑端时,则将其不同数值标注在该跨或者该悬挑端,施工时按原位注写取值。注写方式和规则同梁平法。

2.2　有梁楼盖板钢筋配筋构造及图示长度计算

2.2.1　有梁楼盖楼(屋)面板钢筋构造

（1）楼面板 LB 和屋面板 WB 钢筋构造以及钢筋连接接头允许范围如图 2-2-1 所示。图中括号内的锚固长度 l_{aE} 用于梁板式转换层的板。建筑物某层的上部与下部因平面使用功能不同，该楼层上部与下部采用不同结构类型，并通过该楼层进行结构转换，则该楼层称为结构转换层（如图 2-2-2 所示）。梁板式转换层的板中 l_a、l_{aE} 按抗震等级四级取值，设计也可根据实际工程情况另行指定。

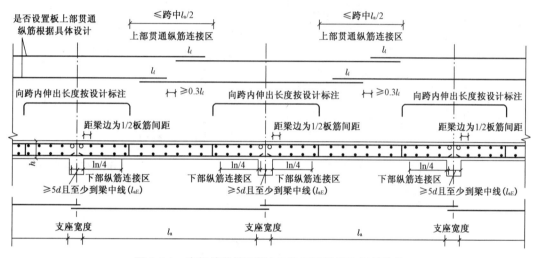

图 2-2-1　有梁楼盖楼面板 LB 和屋面板 WB 钢筋构造

注：① 除本图所示搭接连接外，板纵筋可采用机械连接或焊接连接。接头位置：上部钢筋见上图所示连接区，下部钢筋宜在距支座 1/4 净跨内。板贯通纵筋的连接要求见 160101—1 图集第 59 页，同一连接区段内钢筋接头百分率不宜大于 50%。

② 图中板的中间支座均按梁绘制，当支座为混凝土剪力墙时，其构造相同。

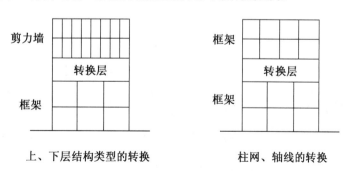

图 2-2-2　结构转换层

（2）板厚范围上、下部各层钢筋定位排序表达示意，如图 2-2-3 所示。板沿板厚方向上、下各排钢筋的定位排序表达方式：上部钢筋依次从上往下排，下部钢筋依次从下往上排。

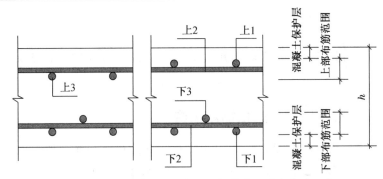

图 2-2-3　板厚范围上、下部各层钢筋定位排序表达示意

（3）楼面板 LB 和屋面板 WB 下部钢筋排布构造，如图 2-2-4 所示。

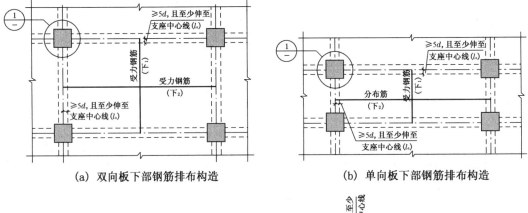

（a）双向板下部钢筋排布构造　　　　　　（b）单向板下部钢筋排布构造

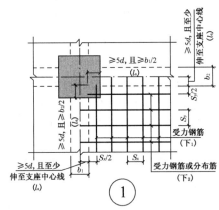

（c）①节点构造详图

图 2-2-4　双向板和单向板下部钢筋排布构造

注：（1）图中板支座均按梁绘制，当板支座为混凝土剪力墙时，板下部钢筋排布构造相同。

（2）双向板下部双向交叉钢筋上、下位置关系应按具体设计说明排布；当设计未说明时，短跨方向钢筋应置于长跨方向钢筋之下。

（3）当下部受力钢筋采用 HPB300 级时，其末端应做 180°弯钩。

（4）图中括号内的锚固长度适用于以下情形：

① 在梁板式转换层的板中，受力钢筋伸入支座的锚固长度应为 l_{aE}。

② 当连续板内温度、收缩应力较大时，板下部钢筋伸入支座锚固长度应按设计要求；当设计未指定时，取为 l_a。

（5）当下部贯通筋兼作抗温度钢筋时，其在支座的锚固由设计方指定。

2.2.2　板钢筋在端部支座的锚固构造

（1）普通楼屋面板，如图 2-2-5 所示。

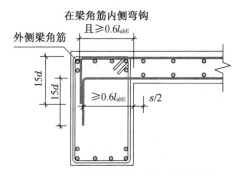

图 2-2-5　普通楼(屋)面板钢筋在端部支座锚固构造

图 2-2-6　梁板式转换层楼面板钢筋在端部支座锚固构造

（2）用于梁板式转换层的楼面板，如图 2-2-6 所示。

（3）端部支座为剪力墙中间层，如图 2-2-7 所示。图中括号内的锚固长度 l_{aE} 用于梁板式转换层的板，当板的下部钢筋锚固长度不足时，可弯锚，如图 2-2-8 所示。

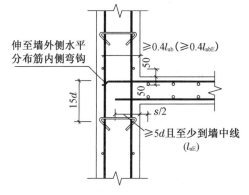

图 2-2-7　端部支座为剪力墙中间层锚固做法示意

图 2-2-8　弯锚示意

（4）端部支座为剪力墙墙顶，如图 2-2-9 所示。

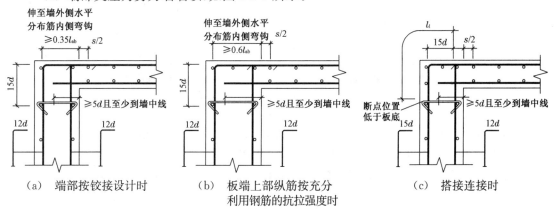

（a）端部按铰接设计时

（b）板端上部纵筋按充分利用钢筋的抗拉强度时

（c）搭接连接时

图 2-2-9　端部支座为剪力墙墙顶锚固构造示意

注:① 以上图中纵筋在端支座应伸至梁支座外侧纵筋内侧或伸至墙外侧水平分布筋内侧后弯折15d, 当平直段长度分别≥l_a、≥l_{aE}时可不弯折。

② 图中"按铰接设计时""充分利用钢筋的抗拉强度时"由设计方指定。

③ 梁板式转换层的板中l_a、l_{aE}按抗震等级四级取值,设计也可根据实际工程情况另行指定。

④ 板端部支座为剪力墙墙顶时,图(a)(b)(c)中采用何种做法由设计方指定。

⑤ 图中S为楼板钢筋间距。

2.2.3 悬挑板配筋构造

悬挑板 XB 的钢筋构造如图 2-2-10 所示,括号内的数值用于考虑竖向地震作用时(由设计方确定)。

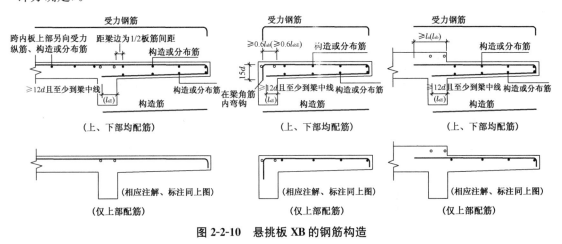

图 2-2-10　悬挑板 XB 的钢筋构造

2.2.4 有梁楼盖板钢筋图示长度计算

1. 板下部贯通纵筋

(1) 板下部纵筋图示长度计算,如图 2-2-11 所示。

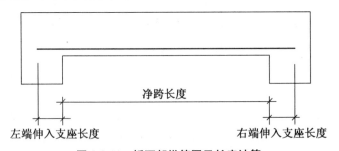

图 2-2-11　板下部纵筋图示长度计算

板下部纵筋图示长度＝板的净跨长度＋左端、右端伸入支座的长度

其中:左端、右端伸入支座长度 $L_{伸进}$＝max(支座宽/2,5d)。

如果采用 HPB300 级钢筋,两端需要增加 180°弯钩,弯钩增加长度 6.25d。

（2）板下部纵筋根数计算，如图 2-2-12 所示。

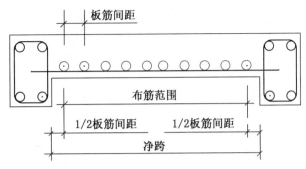

图 2-2-12 板底钢筋根数计算

板下部纵筋根数＝[布筋范围（净跨长度）－起步距离]/纵筋间距＋1（向上取整）

其中：起步距离取梁边 1/2 纵筋间距。

2. 板上部非贯通纵筋

（1）板上部端支座非贯通纵筋

1）端支座非贯通筋图示长度计算，如图 2-2-13 所示。

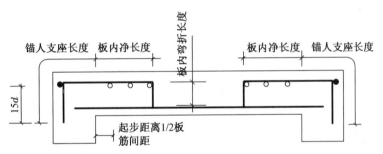

图 2-2-13 端支座非贯通筋图示长度计算

非贯通筋图示长度＝锚入支座长度＋板内净长度＋板内弯折长度

其中：锚入支座长度（梁板式转换层的板下式中取 l_{aE} 和 l_{abE}）：

① 当（支座宽－保护层厚）$\geqslant l_a$ 时，直锚，取 l_a。

② 当（支座宽－保护层厚）$< l_a$ 时，弯锚，取支座宽－保护层厚＋15d。并且伸入支座中的平直段：当按设计按铰接时：$\geqslant 0.35l_{ab}$，当按充分利用钢筋的抗拉强度时：$\geqslant 0.6l_{ab}$。

板内弯折长度＝板厚—2×板的保护层厚度

2）端支座非贯通筋根数计算，如图 2-2-14 所示。

非贯通筋根数＝（非贯通筋布筋范围－起步间距）/非贯通筋间距＋1（向上取整）

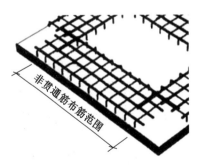

图 2-2-14 非贯通筋根数计算

其中，起步距离取 1/2 非贯通筋间距。

（2）板上部中间支座非贯通纵筋

1）中间支座非贯通筋图示长度计算，如图 2-2-15 所示。

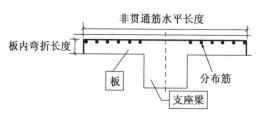

图 2-2-15　中间支座非贯通筋图示长度计算

非贯通筋图示长度＝非贯通筋水平长度＋2×板内弯折长度

其中:弯折长度＝板厚－2×板的保护层厚度。

2)中间支座非贯通筋根数计算,如图 2-2-16 所示。

非贯通筋根数＝(非贯通筋布筋范围－起步间距)/非贯通筋间距＋1(向上取整),

其中:起步距离,1/2 非贯通筋间距。

(3)板上部非贯通纵筋分布筋

1)非贯通筋的分布筋图示长度计算

板上部非贯通筋的分布筋分为板端部支座和中间支座处两种情形,如图 2-2-17 所示,其计算长度均为:

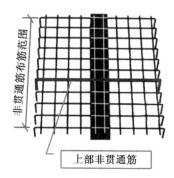

图 2-2-16　中间支座非贯通筋根数计算

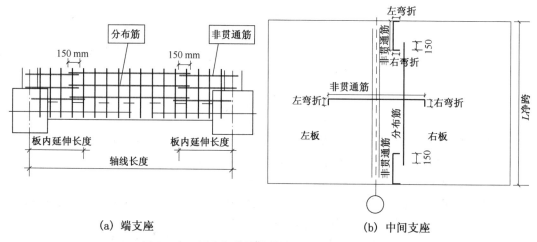

(a)　端支座　　　　　　　　　(b)　中间支座

图 2-2-17　板上部非贯通筋的分布筋图示长度计算

非贯通筋的分布筋图示长度＝轴线长度－2×非贯通筋板内延伸长度＋2×150

注意:一般分布筋和非贯通筋的搭接长度为 150 mm。

2)非贯通筋的分布筋根数计算,如图 2-2-18 所示。

① 端支座非贯通筋的分布筋根数＝(布筋范围－起步间距)/分布筋间距＋1,

② 中间支座非贯通筋的分布筋根数＝

[(布筋范围 1－起步间距)/分布筋间距＋1]＋[(布筋范围 2－起步间距)/分布筋间距＋1],

其中,起步距离为 1/2 分布筋间距。

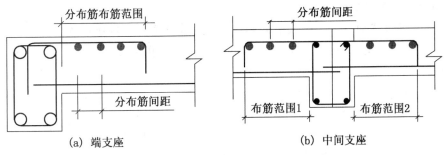

(a) 端支座   (b) 中间支座

图 2-2-18 非贯通筋的分布筋根数计算

2.3 板钢筋图示长度计算实例

【例 2-3-1】 某板 LB1 平法施工图如图 2-3-1 所示。支座梁的截面尺寸为 300×700 mm,纵筋直径 20 mm,箍筋直径 8 mm,梁的混凝土保护层厚度 20 mm;板的混凝土保护层厚度 15 mm。非贯通筋在端部支座的锚固按充分考虑钢筋的抗拉强度取值。混凝土等级 C30,四级抗震。板上部非贯通筋的分布筋 Φ8@200。试计算板 LB1 中钢筋的图示长度。

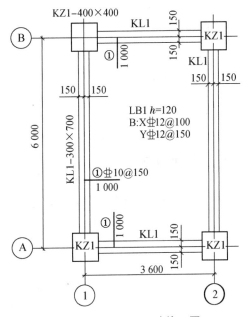

图 2-3-1 板 LB1 平法施工图

解:1. 板下部钢筋计算

(1) X 方向:(X Φ 12@100)

1) 钢筋图示长度
　　＝板的净跨长度＋左端、右端伸入支座的长度
　　＝(3 600－300)＋2×150
　　＝3 600(mm)

左端、右端伸入支座长度:max(支座宽/2,5d)＝max(300/2,5×12)＝150 mm。

2) 钢筋根数＝[布筋范围(Ⓐ Ⓑ 轴线之间净跨长度)－起步距离]/纵筋间距＋1(向上取整)
　　　　　＝(6 000－300－2×1/2×100)/100＋1＝57(根)

其中:起步距离取梁边 1/2 纵筋间距

(2) Y 方向:(X Φ 12@150)

1) 钢筋图示长度＝板的净跨长度＋左端、右端伸入支座的长度
　　　　　　＝(6 000－300)＋2×150＝6 000(mm)

左端、右端伸入支座长度:max(支座宽/2,5d)＝max(300/2,5×12)＝150 mm。

2) 钢筋根数＝[布筋范围(① ② 轴线之间净跨长度)－起步距离]/纵筋间距＋1(向上取整)
　　　　　＝(3 600－300－2×1/2×150)/150＋1＝22(根)

2. 板上部纵筋计算

板上部钢筋主要计算：①、②、Ⓐ、Ⓑ轴线支座的非贯通筋和其分布筋

（1）①、②轴线支座（端支座）非贯通筋和其分布筋计算（①、②轴线支座上布筋相同，以①轴线支座为例）

1）非贯通筋（Φ10@150）

根据已知条件，查表得：$l_a = l_{ab} = 35d = 35 \times 10 = 350$ mm

由于 $l_a = 350$ mm > 300（支座宽）$-20 = 280$ mm，所以应弯锚，非贯通筋伸入梁外侧角筋内侧后下弯 $15d$。伸入梁中平直段为：$\max$（支座宽$-20, 0.6l_{ab}$）$= \max(300-20, 0.6 \times 350) = \max(280, 210) = 280$ mm

① 非贯通筋图示长度 = 锚入支座长度 + 板内净长度 + 板内弯折长度
$$= 430 + 850 + 90 = 1370 \text{ mm}$$

其中：

锚入支座长度 $= 300 - 20 + 15d = 300 - 20 + 15 \times 10 = 430$ mm，

板内钢筋净尺寸 $= 1\,000 - 150 = 850$ mm，

弯折增加长度 = 板厚 $- 2 \times$ 保护层厚度 $= 120 - 2 \times 15 = 90$ mm。

② 非贯通筋根数 = [非贯通筋布筋范围（AB 轴线之间净跨长度）$-$ 起步间距] / 非贯通筋间距 $+1$（向上取整）
$$= (6\,000 - 300 - 2 \times 1/2 \times 150)/150 + 1 = 38 \text{（根）}$$

其中：起步距离取 1/2 非贯通筋间距

2）非贯通筋的分布筋（Φ8@200）

① 分布筋图示长度 = Ⓐ、Ⓑ轴线长度 $- 2 \times$ 非贯通筋板内延伸长度 $+ 2 \times$ 搭接长度
$$= 6\,000 - 2 \times 1\,000 + 2 \times 150 = 4\,300 \text{ mm}$$

② 分布筋根数 =（非贯通筋板内净长 $-$ 起步距离）/ 分布筋间距 $+1$
$$= (1\,000 - 150 - 1/2 \times 200)/200 + 1 = 4.75 \text{ 根，取 } 5 \text{ 根}$$

（2）Ⓐ、Ⓑ轴线支座（端支座）非贯通筋和其分布筋计算（Ⓐ、Ⓑ轴线支座上布筋相同，以Ⓐ轴线支座为例）

1）非贯通筋（Φ10@150）和①②轴线上非贯通筋长度相同。

① 图示长度 $= 430 + 850 + 90 = 1370$ mm

② 根数 = [非贯通筋布筋范围（① ② 轴线之间净跨长度）$-$ 起步间距] / 非贯通筋间距 $+1$（向上取整）
$$= (3\,600 - 300 - 2 \times 1/2 \times 150)/150 + 1 = 22 \text{（根）}$$

2）非贯通筋的分布筋（Φ8@200）

① 分布筋图示长度 = ①②轴线长度 $- 2 \times$ 非贯通筋板内延伸长度 $+ 2 \times$ 搭接长度
$$= 3\,600 - 2 \times 1\,000 + 2 \times 150 = 1\,900 \text{ mm}$$

② 分布筋根数 =（非贯通筋板内净长 $-$ 起步距离）/ 分布筋间距 $+1$
$$= (1\,000 - 150 - 1/2 \times 200)/200 + 1 = 4.75 \text{ 根，取 } 5 \text{ 根}$$

2.4　有梁楼盖板钢筋下料长度计算及计算实例

钢筋下料长度是指钢筋切断时的直线长度,计算时,应考虑钢筋弯曲量度差值。钢筋的弯曲量度差值见表1-3-1所示。

2.4.1　板钢筋下料长度计算

(1) 直钢筋下料长度＝钢筋图示长度
(2) 弯起钢筋下料长度＝钢筋图示长度－∑钢筋弯曲量度差值

2.4.2　板钢筋下料长度计算实例

【例2-4-2】　根据【例2-3-1】中板LB1中钢筋的平法施工图(图2-3-1)和图示长度,计算板LB1中钢筋的下料长度并编制钢筋配料单。

解:1. 板下部钢筋计算

(1) X方向:(X Φ 12@100)

贯通纵筋下料长度＝图示长度＝3 600 mm　57根

(2) Y方向:(X Φ 12@150)

贯通纵筋下料长度＝图示长度＝6 000 mm　22根

2. 板上部纵筋计算

(1) ①、②轴线支座(端支座)非贯通筋和其分布筋计算(①、②轴线支座上布筋相同,以①轴线支座为例)

1) 非贯通筋(Φ 10@150)

非贯通筋下料长度＝图示长度－梁箍筋直径－梁外侧角筋直径－两个90°量度差值(量度差值查表得到,为2.08d)

＝1 370－20－8－2×2.08×10＝1 300 mm　38根

2) 非贯通筋的分布筋(Φ 8@200)

分布筋下料长度(无弯折)＝图示长度＝4 300 mm　5根

(2) Ⓐ、Ⓑ轴线支座(端支座)非贯通筋和其分布筋计算(Ⓐ、Ⓑ轴线支座上布筋相同,以Ⓐ轴线支座为例)

1) 非贯通筋(Φ 10@150)和①②轴线上的非贯通筋长度相同。

非贯通筋下料长度＝1 370－20－8－2×2.08×10＝1 300 mm　22根

2) 非贯通筋的分布筋(Φ 8@200)

分布筋下料长度(无弯折)＝图示长度＝1 900 mm　5根

3. 板LB1钢筋配料单如表2-4-1所示。

表 2-4-1　LB1 钢筋配料单

构件名称	序号	所在位置	钢筋规格	钢筋简图	下料长度(mm)	根数	总长(m)	总重量(kg)
LB1	1	下部钢筋 X 方向	Φ12	3 600	3 600	57	205.2	182.22
	2	下部钢筋 y 方向	Φ12	6 000	6 000	22	132	117.22
	3	① 轴线支座非贯通筋	Φ10	150 ⌐1 130⌐ 90	1 300	38	49.4	30.48
	4	① 轴线支座非贯通筋分布筋	Φ8	4 300	4 300	5	21.5	8.49
	5	② 轴线支座非贯通筋	Φ10	150 ⌐1 130⌐ 90	1 300	38	49.4	30.48
	6	② 轴线支座非贯通筋分布筋	Φ8	4 300	4 300	5	21.5	8.49
	7	A 轴线支座非贯通筋	Φ10	120 ⌐1 130⌐ 90	1 300	22	28.6	17.65
	8	A 轴线支座非贯通筋分布筋	Φ8	1 900	1 900	5	9.5	3.75
	9	B 轴线支座非贯通筋	Φ10	150 ⌐1 130⌐ 90	1 300	22	28.6	17.65
	10	B 轴线支座非贯通筋分布筋	Φ8	1 900	1 900	5	9.5	3.75

2.5　工程实例

【例 2-5-1】　某板 LB2 平法施工图如图 2-5-1 所示。试计算板 LB2 的下部纵筋、上部②轴线支座的非贯通筋及其分布筋的钢筋长度,编制钢筋配料单。已知:支座梁的截面尺寸为 300×700 mm,板的混凝土保护层厚度 15 mm,混凝土等级 C30,四级抗震。板上部非贯通筋的分布筋为Φ8@200。

解:1. 板下部钢筋计算

对于多跨板,板下部纵筋,可按"板块"分别锚固,也可以通长布置。分跨锚固时,板中间支座下部纵筋,应伸入支座内大于或等于 $5d$(d 为下部钢筋直径),且至少伸到梁中线。本案例下部纵筋采用通长布置。

(1) X 方向(X Φ12@100)

1) 钢筋图示长度=板的净跨长度+左端、右端伸入支座的长度

$$= (3\ 600 + 3\ 600 - 2 \times 150) + 2 \times 150 = 7\ 200 \text{(mm)}$$

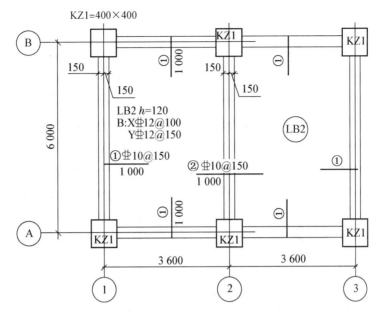

图 2-5-1 板 LB2 平法施工图

左端、右端伸入支座长度:max(支座宽/2,5d)=max(300/2,5×12)=150 mm。

2) 钢筋根数=[布筋范围(Ⓐ Ⓑ 轴线之间净跨长度)−起步距离]/纵筋间距+1(向上取整)
= (6 000−300)−2×1/2×100)/100+1=57(根)

其中,起步距离取梁边1/2纵筋间距。

3) 钢筋下料长度=图示长度=7 200 mm

(2) Y 方向:(Y Φ 12@150)

1) 钢筋图示长度=板的净跨长度+左端、右端伸入支座的长度
= (6 000−300)+2×150=6 000(mm)

左端、右端伸入支座长度:max(支座宽/2,5d)=max(300/2,5×12)=150 mm。

2) 钢筋根数=[布筋范围(① ② 或 ③ ④ 轴线之间净跨长度)−起步距离]/纵筋间距+1(向上取整)

①~② 轴线支座之间 Y 向纵筋根数=(3 300−2×1/2×150)/150+1=22 根

②~③ 轴线支座之间 Y 向纵筋根数=(3 300−2×1/2×150)/150+1=22 根

总根数=22×2=44 根

3) 钢筋下料长度=图示长度=6 000 mm

2. ② 轴线支座(中间支座)板上部钢筋计算

(1) 非贯通筋(Φ 10@150)

1) 图示长度=非贯通筋水平长度+2×板内弯折长度
= 1 000×2+2×90=2 180 mm

其中:

非贯通筋水平长度=1 000+1 000=2 000 mm

板内弯折长度=板厚−2×保护层厚度=120−2×15=90 mm

2) 非贯通筋根数=[非贯通筋布筋范围(Ⓐ Ⓑ 轴线之间净跨长度)−起步间距]/非贯通

筋间距+1(向上取整)

$$=(6\,000-300-2\times1/2\times150)/150+1=38(根)$$

其中,起步距离取1/2非贯通筋间距。

3)非贯通筋下料长度=图示长度-两个90°量度差值(量度差值为2.08d)

$$=2\,180-2\times2.08\times10=2\,138\ mm$$

(2)非贯通筋的分布筋(Φ8@200)

1)分布筋图示长度=Ⓐ Ⓑ 轴线长度-2×非贯通筋板内延伸长度+2×搭接长度

$$=6\,000-2\times1\,000+2\times150=4\,300\ mm$$

2)分布筋根数(支座一侧)=(非贯通筋板内净长-起步距离)/分布筋间距+1

$$=(1\,000-150-1/2\times200)/200+1=4.75\ 根,取\ 5\ 根$$

两侧共10根

3)分布筋下料长度=图示长度=4 300 mm

3. 板LB2钢筋配料单如表2-5-1所示。

表2-5-1 LB2钢筋配料单(部分)

构件名称	序号	所在位置	钢筋规格	钢筋简图	下料长度(mm)	根数	总长(m)	总重量(kg)
LB2	1	下部钢筋X方向	Φ12	7 200	7 200	57	410.40	364.44
	2	下部钢筋Y方向	Φ12	6 000	6 000	44	264.00	234.44
	3	②轴线支座非贯通筋	Φ10	90 ⌐ 2 000 ⌐ 90	2 138	38	81.24	50.13
	4	②轴线支座非贯通筋分布筋	Φ8	4 300	4 300	10	43.00	16.98
合计:Φ12:598.88 kg,Φ10:50.13 kg,Φ8:16.98 kg								

技能训练 有梁楼盖板钢筋下料长度计算与翻样

1. 训练目的

通过框架结构混凝土板钢筋计算与翻样练习,熟悉板结构平法施工图,能正确计算板钢筋的图示尺寸和下料长度,编制板钢筋配料单,并加工制作板钢筋。

2. 项目任务

根据某建筑结构平面布置图,完成下列任务:

（1）计算①～②/Ⓐ～Ⓑ轴线板中钢筋的长度；

（2）编制钢筋配料单，并制作安装板钢筋。

3. 项目背景

（1）混凝土板等级 C30，四级抗震。

（2）板保护层厚度为 15 mm，端部支座梁截面尺寸为 300 mm×700 mm，轴线居中。

（3）板上部非贯通筋及其分布筋均按Φ6@250 考虑。

4. 项目实施

（1）将学生分成 5 人一组。

（2）根据施工图设计文件和16G101－1图集，识读板钢筋图纸，计算板中钢筋的图示长度和下料长度，编制钢筋配料单。

（3）加工制作板钢筋。

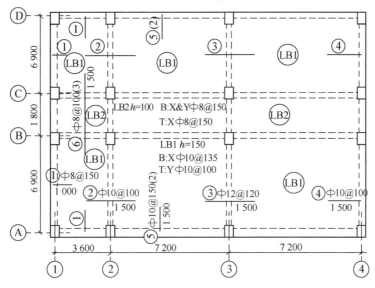

图 2-6-1　某建筑结构平面图

5. 训练要求

（1）加工钢筋时严格按照操作规程，注意安全。

（2）学生应在教师指导下，独立认真地完成各项内容。

（3）钢筋计算应正确、完整，无丢落、重复现象。

（4）提交统一规定的钢筋下料单。

第3章 梁钢筋计算与翻样

学习目的:1. 了解梁、梁钢筋的分类;

     2. 掌握梁集中标注、原位标注方法;

     3. 能识读梁的平法施工图;

     4. 掌握梁钢筋的构造与图示尺寸的计算;

     5. 能进行梁钢筋下料长度的计算与翻样。

教学时间:16 学时

教学过程/教学内容/参考学时:

教学过程	教学内容	参考学时
3.1 梁钢筋基础知识	混凝土梁的分类	2
	梁筋的类型	
3.2 梁钢筋平法识图	梁钢筋的标注方式	2
	梁的集中标注	
	梁的原位标注	
3.3 梁钢筋构造与计算	抗震楼层框架梁钢筋构造及图示长度计算	6
	屋面框架梁钢筋构造及图示长度计算	
	非框架梁钢筋构造及图示长度计算	
	悬挑梁钢筋构造及图示长度计算	
3.4 梁钢筋图示长度计算实例	框架梁钢筋图示长度计算	4
	屋面框架梁钢筋图示长度计算	
	非框架梁钢筋图示长度计算	
	悬挑梁钢筋图示长度计算	
3.5 梁钢筋下料长度计算实例	实例计算	2
共计		**16**

3.1　梁钢筋基础知识

3.1.1　混凝土梁的分类

钢筋混凝土梁形式多种多样,是房屋建筑、桥梁建筑等工程结构中最基本的承重构件,应用范围极广,可按以下方式进行分类:

(1)根据梁位置和受力特点不同,钢筋混凝土梁可分为框架主梁、非框架梁(次梁)、屋面框架梁及悬挑梁等,见图3-1-1。

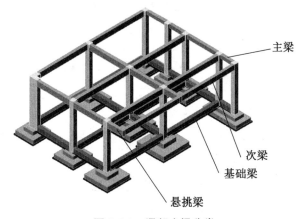

图 3-1-1　混凝土梁分类

框架梁(KL)是指两端与框架柱(KZ)相连的梁,或者两端与剪力墙相连但跨高比不小于5的梁。次梁在主梁的上部,主要起传递荷载的作用。屋面梁是指在屋面结构中承受来自檩条、屋面板压力的主要结构构件。框架梁、次梁、屋面梁主要承受弯矩和剪力。悬挑梁不是两端都有支撑,而是一端埋在或者浇筑在支撑物上,另一端挑出支撑物的梁。

(2)钢筋混凝土梁按其截面形式,可分为矩形梁、T形梁、工字梁、槽形梁和箱形梁。

(3)按其施工方法,混凝土梁可分为现浇梁、预制梁和预制现浇叠合梁。

(4)按其配筋类型,混凝土梁可分为钢筋混凝土梁和预应力混凝土梁。

3.1.2　梁钢筋的类型

梁内钢筋配置见图3-1-2。梁钢筋主要有:

(1)上部:上部通长筋,支座负筋(第一排、第二排),架立筋。

(2)中部:侧面纵向钢筋(构造或抗扭)。

(3)下部:下部钢筋。

(4)箍筋。

(5)附加钢筋:吊筋、次梁加筋。

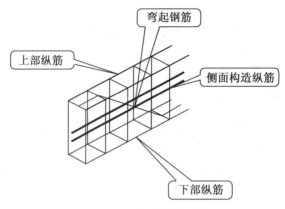

图 3-1-2 梁内钢筋配置

3.2 梁钢筋平法识图

3.2.1 梁钢筋的标注方式

1. 平面注写方式

梁平面注写方式是在梁平面布置图上,分别在不同编号的梁中各选一根梁,在其上注写截面尺寸和配筋具体数值来表达梁的平法施工图,如图 3-2-1 所示。

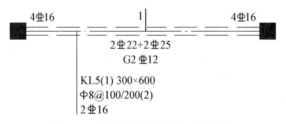

图 3-2-1 梁的平面注写方式示意图

平面注写包括集中标注和原位标注。集中标注表达梁的通用数值,原位标注表达梁的特殊数值。当集中标注中的某项数值不适用于梁的某部位时,则将该项数值用原位标注,使用时,原位标注取值优先。

2. 截面注写方式

系在梁平面布置图上,分别在不同编号的梁中各选择一根梁,用剖面号引出配筋图,并在其上注写梁的截面尺寸和配筋具体数值。

图 3-2-1 中的 KL5 的截面 1-1 用截面注写方式表示如图 3-2-2 所示。

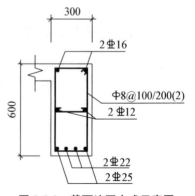

图 3-2-2 截面注写方式示意图

3.2.2 梁的集中标注

集中标注是从梁中任一跨引出,将其需要集中标注的全部内容注明。集中标注表达梁的通用数值,包括五项:梁编号,梁截面尺寸 $b \times h$(宽×高),梁箍筋、梁上部通长筋或架立筋、梁侧面纵向构造钢筋或受扭钢筋,梁顶面标高高差必注值和一项选注值。

1. 梁编号

梁编号(代号+序号+跨数+有无悬挑),见表 3-2-1。

表 3-2-1 梁类型代号

梁类型	代号	序号	跨数及有无悬挑
楼层框架梁	KL	XX	
屋面框架梁	WKL	XX	(XX)跨数
框支梁	KZL	XX	(XXA)跨数及一端有悬挑
非框架梁	L	XX	(XXB)跨数及两端有悬挑。
悬挑梁	XL	XX	悬挑不计入跨数。
井字梁	JZL	XX	

2. 截面尺寸

用"截面宽×截面高"表示,注写梁截面尺寸 $b \times h$,其中 b 为梁宽,h 为梁高;当为竖向加腋梁时,用 $b \times h\ Yc_1 \times c_2$ 表示,其中为 c_1 腋长,c_2 腋高,见图 3-2-3;

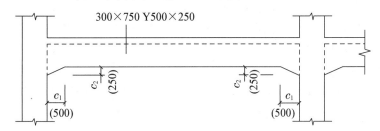

300×750 Y500×250

图 3-2-3 竖向加腋截面注写示意

当为水平加腋梁时,一侧加腋时用 $b \times h\ PYc_1 \times c_2$ 表示,其中为 c_1 腋长,c_2 腋高,加腋部位应在平面图中绘制,见图 3-2-4。

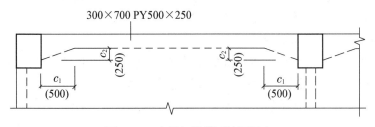

300×700 PY500×250

图 3-2-4 水平加腋截面注写示意

当梁为变截面悬挑梁时,用斜线分隔根部与端部的高度值,注写方式为 $b \times h_1/h_2$,其中 h_1 为梁根部较大高度值,h_2 为梁端部较小高度值,见图 3-2-5。

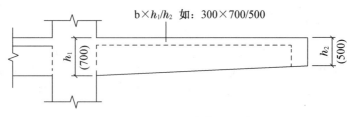

图 3-2-5　悬挑梁不等高截面注写示意

3. 梁箍筋

梁箍筋注写包含:箍筋级别、直径、加密区与非加密区箍筋间距、肢数。

抗震设计时,箍筋的加密区与非加密区间距用"/"区分,箍筋的肢数写在后面"()"内,如:Φ8@100/200(2)表示箍筋为Φ8,加密区间距为 100 mm,非加密区间距为 200 mm,箍筋肢数为双肢箍。

非抗震设计时,箍筋在同一跨度内采用不同箍筋间距时,梁两端与跨中部分的箍筋用"/"分开,箍筋的肢数注写在括号内。其中,近梁端的箍筋应注明根数。如:9Φ8@100/200(2),表示箍筋级别为Φ8,自梁两端开始布置,箍筋间距为 100 mm,两端各布置 9 根;跨中间距为 200 mm,箍筋肢数为双肢箍。

4. 梁上下通长筋和架立筋

(1) 如果只有上部通长筋,没有下部通长筋,则在集中标注中只表示上部通长筋。

(2) 如果同时有上部通长筋和下部通长筋,用分号";"隔开。比如:2Φ22;3Φ25 表示梁上部通长筋为 2Φ22,梁下部通长筋为 3Φ25。

(3) 架立筋需要用括号将其括起来。比如:2Φ22+(4Φ12)用于六肢箍,其中 2Φ22 为通长筋,4Φ12 为架立筋。

5. 梁侧面纵筋表示方法

(1) 条件:梁腹板高度 $h_w \geqslant 450$ mm 时,须配置纵向构造钢筋或受扭钢筋。

(2) 表示方法:梁侧面构造钢筋 G 打头,受扭钢筋 N 打头;连续注写设置在梁两个侧面的总配筋值,且对称配置。

(3) 当抗震框架梁箍筋采用四肢箍或更多肢数时,即同排中既有通长钢筋又有架立钢筋时,需补充设置架立筋,受扭钢筋与构造钢筋不需重复设置。

比如:G4Φ12,表示梁的两个侧面共配置 4Φ12 纵向构造钢筋,每侧各配置 2Φ12。

比如:N6Φ22,表示梁的两个侧面共配置 6Φ22 受扭纵向钢筋,每侧各配置 3Φ22。

6. 梁顶面标高高差表示方法

该项为选注项。梁顶面相对标高高差为相对于结构层楼面标高的高差值,有高差时,将其注写在"()"内,无高差时不注。注意:标高的单位是米(m)。

当某梁的顶面高于所在结构层的楼面标高时,其标高高差为正值,反之为负值。

3.2.3　梁的原位标注

梁的原位标注内容:梁支座上部纵筋,梁下部纵筋,附加箍筋或吊筋,修正集中标注内容中不适用于本跨的内容等。

1. 梁支座上部纵筋表示方法

(1)当上部纵筋为一排时,用如下方式表示,见图 3-2-6。

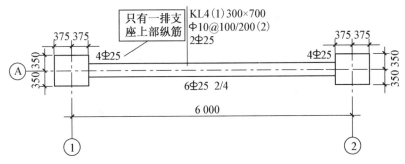

图 3-2-6　上部纵筋为一排时的表示图

(2)当上部纵筋多于一排时,用斜线"/"将各排纵筋自上而下分开。

比如:梁支座上部纵筋注写为 6 Φ 25 4/2,则表示上一排纵筋为 4 Φ 25,下一排纵筋为 2 Φ 25。

(3)当同排纵筋有两种直径时,用加号"+"将两种直径的纵筋相连,注写时将角筋写在前面。

比如:梁支座上部有四根纵筋,2 Φ 25 放在角部,2 Φ 22 放在中部,在梁支座上部应注写为 2 Φ 25+2 Φ 22。

(4)当梁中间支座两边的上部纵筋不同时,须在支座两边分别标注,见图 3-2-7。

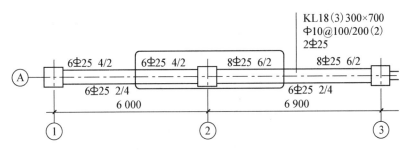

图 3-2-7　中间支座原位标注图

当梁中间支座两边的上部纵筋相同时,可仅在支座的一边标注配筋值,另一边省去不注,见图 3-2-8。

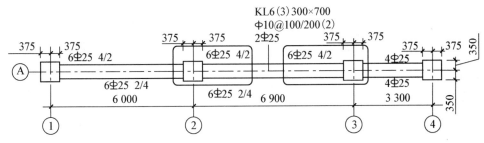

图 3-2-8　中间支座原位标注示意图

2. 梁下部纵筋的表示方法

（1）当梁下部纵筋为一排时，用图 3-2-9 所示方式表示。

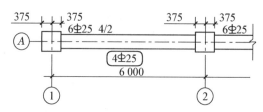

图 3-2-9　梁下部纵筋为一排时原位标注图

（2）当下部纵筋多于一排时，用斜线"/"将各排钢筋自上而下分开。比如：梁下部纵筋注写为"6Φ25 2/4"，则表示上一排钢筋为 2Φ25，下一排钢筋为 4Φ25，全部伸入支座。

（3）当同排钢筋有两种直径时，用加号"＋"将两种直径的纵筋相连，注写时角筋写在前面。比如：下部纵筋 2Φ25＋2Φ22 表示梁下部有四根纵筋，角部为 2Φ25，中间为 2Φ22。

（4）当梁下部纵筋不全伸入支座时，将梁支座下部纵筋减少的数量写在括号内。比如：梁下部纵筋注写为"6Φ25 2(-2)/4"，则表示上排纵筋为 2Φ25，且不伸入支座；下一排纵筋为 4Φ25，全部伸入支座。

梁下部纵筋注写为"2Φ25＋3Φ22(-3)/5Φ25"，表示上排纵筋为 2Φ25 和 3Φ22，其中 3Φ22 不伸入支座；下一排纵筋为 5Φ25，全部伸入支座。

3. 附加箍筋、吊筋的表示方法

附加箍筋、吊筋要画在平面图的主梁上，用引线注写总配筋值，如图 3-2-10 所示。

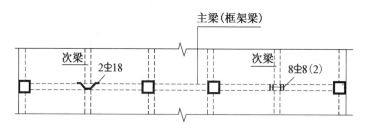

图 3-2-10　梁吊筋、附加箍筋标注示意图

注意：附加箍筋和附加吊筋的几何尺寸等构造需结合主次梁相交处的主次梁截面尺寸确定。

4. 修正集中标注内容

当在梁上集中标注的内容中的一项或几项内容不适用于某跨或某悬挑端时，则将其不同数值信息内容原位标注在该部位。施工时，按原位标注优先选用。

【例 3-2-1】 识别图 3-2-11 中梁集中标注内容。

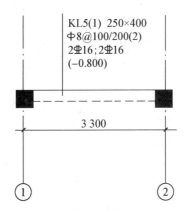

图 3-2-11　KL5 平法图

解: 集中标注内容:5 号框架梁,1 跨,截面尺寸 250 mm×400 mm;箍筋直径Φ8,加密间距 100 mm,非加密间距 200 mm,双肢箍;上部贯通钢筋为 2Φ16,底部贯通钢筋为 2Φ16;梁顶标高比所在楼层标高低 0.8 m。

【例 3-2-2】　识读下图中梁 KL5 的标注内容。

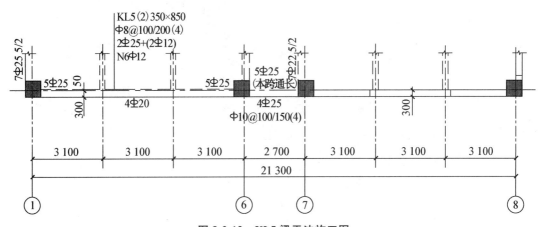

图 3-2-12　KL5 梁平法施工图

解: (1) 集中标注内容:5 号框架梁,两跨,截面尺寸为 350 mm×850 mm;箍筋为Φ8,加密间距 100 mm,非加密间距 200 mm,4 肢箍;上部贯通钢筋为 2Φ25,架立钢筋 2Φ12;受扭钢筋为 6Φ12。

(2) 原位标注内容:

上部钢筋:①轴支座、⑥轴支座左至⑦轴上部钢筋 5Φ25 mm;

下部贯通纵筋:①~⑥轴下部 4 根Φ20 mm;⑥~⑦轴下部 4 根Φ25 mm,箍筋为Φ10,加密间距 100 mm,非加密间距 150 mm,4 肢箍。

3.3 梁钢筋构造与计算

由 3.2 内容可知,梁应计算的钢筋主要有梁上部筋、梁下部筋、梁侧面筋、梁箍筋、拉筋、吊筋等。下图以框架梁为例,归纳要计算的钢筋内容。本节将着重讲解楼层框架梁、屋面层框架梁、非框架梁及悬挑梁的构造与计算。

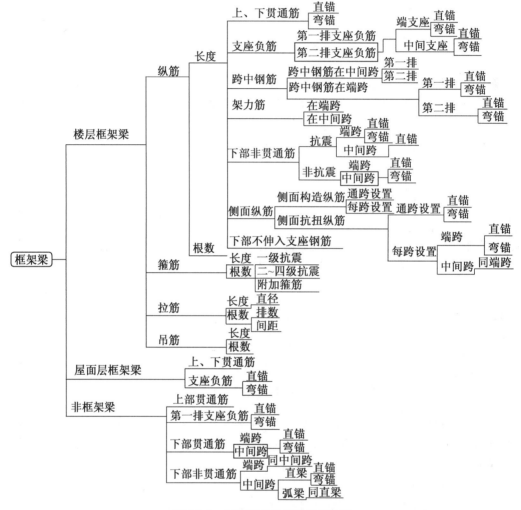

图 3-3-1 梁钢筋工程量计算的范围

3.3.1 抗震楼层框架梁钢筋构造及图示长度计算

1. 梁上部钢筋构造及图示长度计算

(1) 抗震楼层框架梁纵向钢筋构造

抗震楼层框架梁纵向钢筋构造如图 3-3-2 所示。

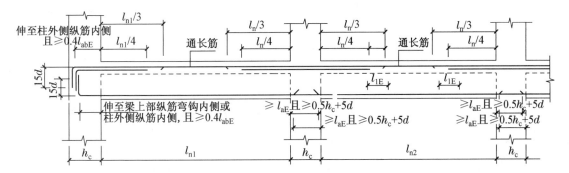

(a) 抗震楼层框架梁KL纵向钢筋构造

(b) 端支座加锚头（锚板）锚固

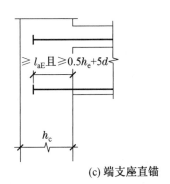

(c) 端支座直锚

图 3-3-2　抗震楼层框架梁配筋图

注：① 跨度值 l_n 为左跨 l_{ni} 和右跨 l_{ni+1} 之较大值，其中 $i=1,2,3\cdots\cdots$
② 图中 h_c 为柱截面沿框架方向的高度。

抗震框架梁上部纵筋的在支座处锚固有弯锚、直锚、锚板锚固三种形式。

① 当 h_c- 保护层 $\geqslant l_{aE}$ 采用直锚形式，锚固长度 $\geqslant l_{aE}$ 且 $\geqslant 0.5h_c+5d$。

② 当 h_c- 保护层 $< l_{aE}$ 时，采用弯锚形式。伸至柱外侧纵筋内侧，且水平段长度 $\geqslant 0.4l_{abE}$。

③ 当采用锚板锚固时，伸至柱外侧纵筋内侧，且水平段长度 $\geqslant 0.4l_{abE}$。

（2）梁上部钢筋图示长度计算：

由上图可知，楼层框架梁上部贯通筋图示长度＝梁的净跨长 L_n ＋左右锚入支座内长度

其中：锚入支座内的长度，有直锚和弯锚两种形式。

① 直锚：当端支座宽度 h_c- 柱保护层 $c\geqslant l_{aE}$ 时，锚入长度 $=\max(l_{aE}, 0.5h_c+5d)$

② 弯锚：当端支座宽度 h_c- 柱保护层 $c< l_{aE}$ 时，锚入长度 $=\max(l_{aE}, 0.4l_{abE}+15d, h_c-$ 保护层 $+15d)$

2. 梁下部钢筋构造及图示长度计算

（1）梁下部钢筋构造：

梁下部钢筋的构造如图 3-3-2 所示，其构造特点主要有：

① 框架梁下部纵筋在端支座的锚固可采用弯锚、直锚、锚板锚固形式。其锚固形式的判定同梁上部钢筋。

② 框架梁下部纵筋在中间座处采用直锚,纵筋伸入中间支座锚固长度$\geqslant l_{aE}$且$\geqslant 0.5h_c$ $+5d$。

③ 下部不伸入支座钢筋如图 3-3-3 所示,下部不伸入支座钢筋距离支座边缘为 $0.1l_n$, l_n 为本跨净长。

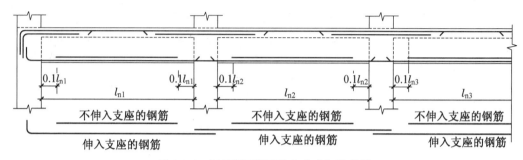

图 3-3-3　框架梁下部不伸入支座钢筋构造

(2)梁下部钢筋图示长度计算

① 下部通长筋图示长度:计算方法同上部通长筋长度计算。

② 下部非通长钢筋图示长度＝净跨值＋左锚入支座长度＋右锚入支座长度。

其中,锚入支座长度分端支座处和中间支座处两种情况。

端支座处:直锚或弯锚。计算方法见梁上部钢筋端支座锚入长度计算;

中间支座处:直锚,锚入长度＝$\max(l_{aE}, 0.5h_c+5d)$。

③ 下部不伸入支座钢筋图示长度＝净跨值 $l_n - 2 \times 0.1l_{ni}$。

3. 梁上部非贯通筋构造及图示长度计算

(1)梁上部非贯通筋构造:

梁上部非贯通筋(支座负筋)构造如图 3-3-4 所示。上部非贯通筋第一排截断位置为 $l_n/3$,第二排截断位置为 $l_n/4$,跨度值 l_n 为左跨 l_{ni} 和右跨 l_{ni+1} 的较大值,其中 i＝1,2,3…。

(2)梁上部非贯通筋图示长度

① 梁上部端支座非贯通筋图示长度计算,如图 3-3-4 所示。

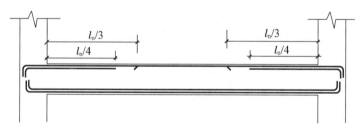

图 3-3-4　梁上部端支座负筋计算示意图

第一排端支座非贯通筋长度＝$l_n/3$＋锚入支座长度;第二排端支座非贯通筋长度＝$l_n/4$ ＋锚入支座长度。

其中,锚入支座长度的确定同梁上部贯通筋,分直锚和弯锚。

② 梁中间支座非贯通筋计算

梁上部中间支座非贯通筋图示长度计算,如图 3-3-5 所示。

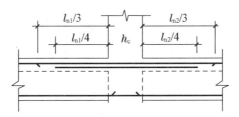

图 3-3-5　梁上部中间支座负筋计算示意图

第一排中间支座非贯通筋长度＝$l_n/3 \times 2 + h_c$。（这里 l_n 取 l_{n1} 和 l_{n2} 中较大值）；

第二排中间支座非贯通筋长度＝$l_n/4 \times 2 + h_c$。（这里 l_n 取 l_{n1} 和 l_{n2} 中较大值）

4. 梁架立筋构造及图示长度计算

(1) 架立筋构造

连接框架梁第一排支座负筋的钢筋叫架立筋，架立筋主要起固定梁中间箍筋的作用，架立筋构造如图 3-3-6 所示。

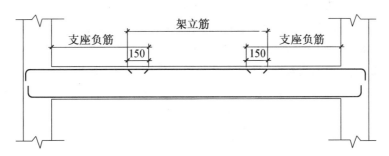

图 3-3-6　梁架立筋构造图

(2) 架立筋计算

由图 3-3-6 得出架立筋长度。

框架梁架立筋长度＝本跨净跨值－左右非贯通纵筋伸出长度＋2×搭接长度。

搭接长度：当梁上部纵筋既有贯通筋又有架立钢筋时，架立钢筋与非贯通钢筋的搭接长度为 150 mm。

① 首尾跨架立筋长度＝$l_{n1} - l_{n1}/3 \times 2 - \max(l_{n1}, l_{n2})/3 - 150 \times 2$。

② 中间跨架立筋长度＝$l_{n2} - \max(l_{n1}, l_{n2})/3 - \max(l_{n2}, l_{n3})/3 - 150 \times 2$。

5. 梁侧面纵筋构造及计算

梁侧面纵筋分构造纵筋和抗扭纵筋，下面分别介绍。

(1) 构造筋构造及计算

当梁净高 $h_w \geq 450$ 时，在梁的两个侧面沿高度配置纵向构造钢筋，纵向构造钢筋间距 $a \leq 200$，构造筋的构造如图 3-3-7 所示。

由图得出框架梁构造纵筋长度计算公式：

梁侧面构造纵筋长度＝$l_n + 15d \times 2$。（l_n 为梁通跨净长）

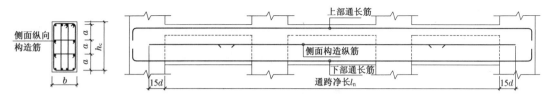

(a) 梁侧面纵向构造筋和拉筋   (b) 梁侧面构造纵筋示例

图 3-3-7　梁侧面构造纵筋构造

（2）抗扭筋构造及计算

梁侧面抗扭钢筋的计算方法和下部通长筋一样,也分直锚和弯锚两种情况。长度计算不再详述。

（3）拉筋构造及计算

拉筋构造:当梁宽≤350 时,拉筋直径为 6 mm;梁宽＞350 时,拉筋直径为 8 mm。拉筋间距为非加密间距的两倍。当设有多排拉筋时,上下两排拉筋竖向错开设置。

有侧面纵筋就一定有拉筋,构造及配置如图 3-3-8 所示。直段长度不应小于箍筋直径的 10 倍和 75 mm 两者中的较大值。图中拉筋弯钩与箍筋、纵筋①～③三种做法应由设计人员指定。当设计人员未指定时,详见本图集各构件构造做法选用。

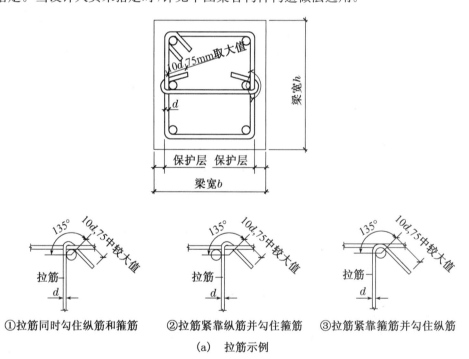

①拉筋同时勾住纵筋和箍筋　②拉筋紧靠纵筋并勾住箍筋　③拉筋紧靠箍筋并勾住纵筋

(a)　拉筋示例

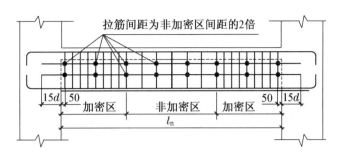

(b)　梁侧面纵筋的拉筋配置

图 3-3-8　拉筋构造及配置

由图得出拉筋图示长度计算：

① 拉筋同时勾住主筋和箍筋时，其长度计算公式如下：

拉筋图示长度＝（梁宽 b－保护层×2）＋$1.9d$×2＋max($10d$,75 mm)×2；

② 拉筋只勾住主筋时，其长度计算公式如下：

拉筋图示长度＝（梁宽 b－保护层×2）＋$1.9d$×2＋max($10d$,75 mm)×2。

拉筋根数＝（（ 梁净跨长度 l_n－50×2)/非加密区间距的 2 倍＋1)×排数，

排数＝构造筋或抗扭筋根数/2。

6. 梁箍筋的构造及计算

根据图 3-3-9 计算梁箍筋的长度。

（1）梁箍筋构造，如图 3-3-9 所示。

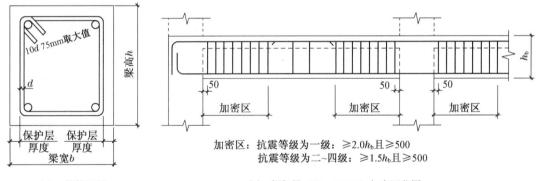

（a）　箍筋示例

（b）　框架梁（KL、WKL）加密区范围

图 3-3-9　箍筋构造及配置

① 箍筋分为加密区和非加密区设置。一级抗震加密区长度不小于 $2h_b$ 且不小于 500 mm，二级～四级抗震加密区长度不小于 $1.5h_b$ 且不小于 500 mm。h_b 为梁高。

② 第一道箍筋在距支座边缘 50 mm 处开始设置。

（2）箍筋长度计算（以钢筋外围尺寸计算）

箍筋长度＝[（b－2×保护层厚度）＋（h－2×保护层厚度）]×2＋$1.9d$×2＋max($10d$, 75)×2

（3）箍筋根数计算

箍筋根数＝加密区根数×2＋非加密区根数。

加密区根数＝(加密区长度－50/加密区间距＋1)×2。

非加密区根数＝(净跨长－加密区长×2)/(非加密间距)－1。

加密区长度：1级抗震，加密区长度＝max(梁高 h_b×2,500)；

2~4级抗震，加密区长度＝max(梁高 h_b×1.5,500)。

7. 吊筋的构造及图示长度计算

当主梁为次梁的支座时，会出现吊筋，吊筋一般用图及构造如图 3-3-10 所示。

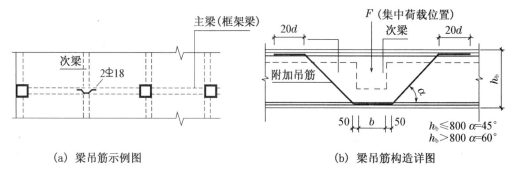

(a) 梁吊筋示例图　　　　　　(b) 梁吊筋构造详图

图 3-3-10　梁吊筋配置图

当主梁高不大于 800 mm 时，吊筋弯折角度为 45°；当主梁高大于 800 mm 时，吊筋弯折角度为 60°。

根据上图，吊筋长度＝次梁宽＋2×50＋2×(梁高－2×保护层厚度)/sin 45°(或 60°)＋2×20d。

8. 附加箍筋的构造及图示长度计算

有时在次梁处配置附加箍筋，附加箍筋长度算法和箍筋的计算方法一样。如图 3-3-11 所示，附加箍筋的间距为 8d，且不大于 100 mm，附加根数按图纸标注计算。

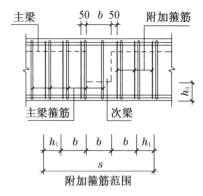

图 3-3-11　附加箍筋构造

3.3.2　屋面框架梁钢筋构造及图示长度计算

1. 屋面框架梁钢筋构造

屋面框架梁配筋见图 3-3-12，由图得出屋面框架梁钢筋的构造要点。

(1) 屋面框架梁上部纵筋端支座均需弯锚。

（2）屋面框架梁上部纵筋伸至柱对边弯下，有两种构造：一是下弯至梁底位置，二是下弯 $1.7l_{abE}$。

其余的构造与楼层框架梁相同。

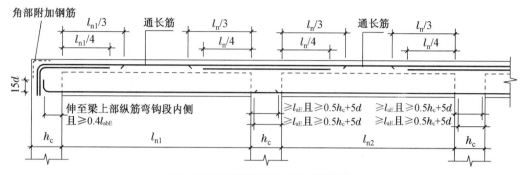

(a) 抗震屋面框架梁WKL纵向钢筋构造

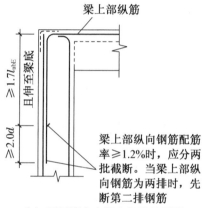

(b) 顶层端支座梁上部钢筋锚固

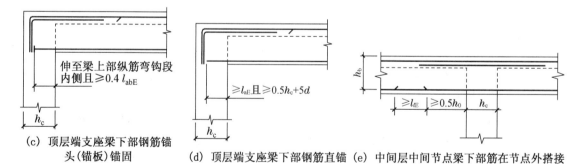

(c) 顶层端支座梁下部钢筋锚头(锚板)锚固　　(d) 顶层端支座梁下部钢筋直锚　(e) 中间层中间节点梁下部筋在节点外搭接

图 3-3-12　抗震屋面框架梁（WKL）配筋构造

注：① 跨度值 l_n 为左跨 l_{ni} 和右跨 l_{ni+1} 之较大值，其中 $i=1,2,3\cdots\cdots$

② 图中 h_c 为柱截面沿框架方向的高度。

2. 屋面框架梁钢筋图示长度计算

（1）上部贯通钢筋图示长度计算

① 上部纵筋下弯至梁底

屋面框架梁上部纵筋长度＝通跨净长＋（左端支座宽－保护层厚度）＋（右端支座宽－保护层厚度）＋（梁高－保护层厚度）×2

② 上部纵筋下弯 $1.7l_{abE}$

屋面框架梁上部纵筋长度＝通跨净长＋（左端支座宽－保护层厚度）＋（右端支座宽－保护层厚度）＋$1.7l_{abE}$×2

（2）屋面框架梁上部第一排非贯通筋计算

① 上部纵筋下弯至梁底

屋面框架梁上部第一排非贯通筋长度＝净跨 $l_{n1}/3$＋（支座宽－保护层厚度）＋（梁高－保护层厚度）

② 上部纵筋下弯 $1.7l_{abE}$

屋面框架梁上部第一排非贯通筋长度＝净跨 $l_{n1}/3$＋（支座宽－保护层厚度）＋$1.7l_{abE}$

（3）屋面框架梁上部第二排非贯通筋长度计算

① 上部纵筋下弯至梁底

屋面框架梁上部第二排非贯通筋长度＝净跨 $l_{n1}/4$＋（支座宽－保护层厚度）＋（梁高－保护层厚度）

② 上部纵筋下弯 $1.7l_{abE}$

屋面框架梁上部第二排非贯通筋长度＝净跨 $l_{n1}/4$＋（支座宽－保护层厚度）＋$1.7l_{abE}$

其余钢筋计算与楼层框架梁相同。

3.3.3 非框架梁钢筋构造及图示长度计算

1. 非框架梁钢筋构造

非框架梁配筋见图 3-3-13。

（1）非框架梁上部钢筋端支座，锚固长度为伸至对边弯折 15d，伸入端支座直段长度满足 l_a 时，可直锚。

（2）非框架梁下部钢筋端支座锚固：

① 直锚：螺纹钢 12d，光圆钢筋 15d。

② 弯锚：用于下部纵筋伸入边支座长度不满足 12d（15d）时，应伸至支座对边弯折，带肋钢筋≥7.5d，光圆钢筋≥9d，见图 3-3-13 中图 b。当非框架梁侧面配有受扭钢筋时，下部钢筋应弯锚，伸至支座对边弯折 15d，见图 3-3-13 中图 c。

（3）支座负筋延伸长度。端支座 $l_n/5$（充分利用钢筋抗拉强度时为 $l_n/3$，l_n 取值：端支座取本跨净长，中间支座取相邻两跨较大的净跨长）。"设计按铰接时"为代号 L 的非框架梁，"充分利用钢筋的抗拉强度时"为代号 L_g 的非框架梁。

（4）箍筋没有加密区，如果端部采用不同间距的钢筋，注明根数。

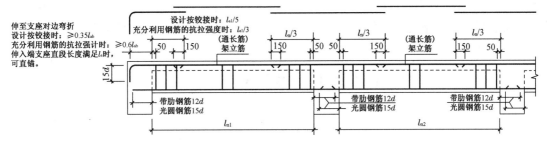

（a）非框架梁配筋 L 配筋构造

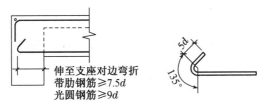

端支座非框架梁下部纵筋弯锚构造

用于下部纵筋伸入边支座长度不满足直锚12d(15d)要求时

（b）端支座直锚长度不足时弯锚

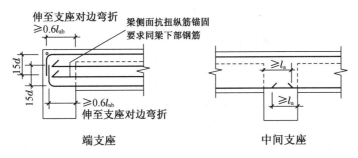

（c）受扭非框架梁纵筋构造

图 3-3-13　非框架梁 L、L_g 配筋构造

2. 非框架梁钢筋图示长度计算

（1）非框架梁下部贯通筋的计算

① 弯锚时

非框架梁下部贯通筋图示长度＝梁净跨长十左右支座锚入长度

（a）不设置抗扭筋时：锚入长度＝主梁宽－主梁保护层厚度＋7.5d(9d)，光圆钢筋为 9d，带肋钢筋为 7.5d

（b）设置抗扭筋时：锚入长度＝主梁宽－主梁保护层厚度＋15d

② 直锚时

（a）带肋钢筋：非框架梁下部贯通筋长度＝通跨净长＋12d×2

（b）光圆钢筋：非框架梁下部贯通筋长度＝通跨净长＋15d×2

（2）非框架梁端支座负筋的计算

① 当设计按铰接时

非框架梁端支座负筋长度＝l_{n1}/5＋锚固长度＝l_{n1}/5＋（主梁宽－保护层厚度＋弯折 15d）

② 当设计充分利用钢筋抗拉强度时

非框架梁端支座负筋长度＝$l_{n1}/3$＋锚固长度＝$l_{n1}/3$＋（主梁宽－保护层厚度＋弯折 $15d$）

其余钢筋计算与楼层框架梁相同。

3.3.4 悬挑梁钢筋构造及图示长度计算

1. 悬挑梁钢筋构造

悬挑梁配筋见图 3-3-14。

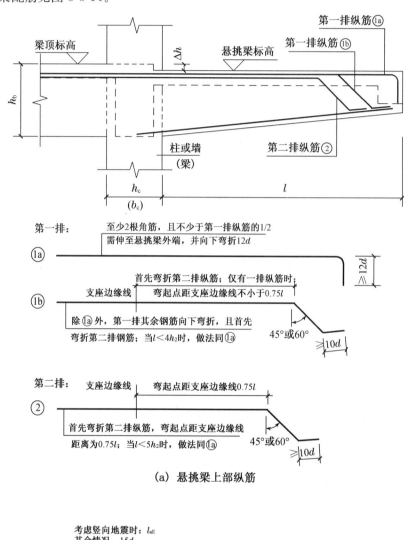

(a) 悬挑梁上部纵筋

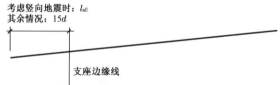

(b) 悬挑梁下部纵筋

图 3-3-14 悬挑梁配筋图

（1）悬挑端上部钢筋构造

① 当上部钢筋为一排，且悬挑端 $L<4h_b$ 时，上部钢筋直接伸至悬挑梁外端，向下弯折 $12d$；当上部钢筋为二排，且悬挑端 $L<5h_b$ 时，上部二排钢筋直接伸至悬挑梁外端，向下弯折 $12d$。

② 当悬挑端 $L \geqslant 4h_b$：

（a）上部第一排角筋：伸至远端下弯 $12d$。

（b）上部第一排中部钢筋：下弯（45°下弯，平直段长度 $10d$）。

（c）悬挑端上部第二排钢筋构造：伸至 $0.75L$ 位置。

（2）悬挑端下部钢筋构造：一端伸至悬挑尽端，另一端锚入支座 $15d$。

（3）箍筋：箍筋长度，悬挑梁远端变截面时按平均高度计算，箍筋布置到尽端。

2. 悬挑梁钢筋图示长度计算

由悬挑梁钢筋构造可知悬挑梁钢筋计算如下：

（1）悬挑端上部钢筋计算

① 当悬挑端 $L<4h_b$：悬挑端上部钢筋长度＝净长＋端支座锚固＋悬挑远端锚固＝净长＋端支座锚固＋$12d$

② 当悬挑端 $L \geqslant 4h_b$：

上部第一排角筋图示长度＝净长＋端支座锚固＋悬挑远端锚固＝净长＋端支座锚固＋$12d$

上部第一排中部钢筋图示长度＝按实际图纸进行计算＝L－保护层＋0.414×（梁高－2×保护层厚度）＋支座锚固

（2）悬挑端上部第二排钢筋计算

悬挑端上部第二排钢筋长度＝$0.75L$＋（梁高－2×保护层）/cos 45°＋$10d$＋端支座锚固长度

（3）悬挑端下部钢筋计算

悬挑端下部钢筋长度＝净长－保护层厚度＋端支座锚固＝L－C＋$15d$

（4）箍筋计算

悬挑梁远端变截面时箍筋长度按平均高度计算，计算方法见楼层框架梁。根数计算见楼层框架梁。注意悬挑梁箍筋没有加密区。

3.4 梁钢筋图示长度计算实例

【例 3-4-1】 作为支座的框架柱 KZ 截面尺寸为 $500\ mm \times 500\ mm$,钢筋配置如图 3-4-1 所示,轴线居中。混凝土强度等级 C30,抗震等级一级,一类环境。计算图 3-4-1 中抗震框架梁钢筋的图示长度。

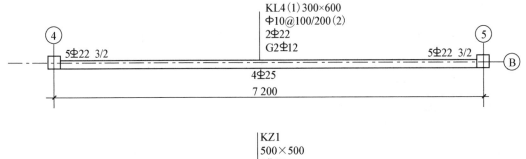

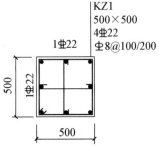

图 3-4-1 KL4 梁平法图、KZ1 配筋图

解:1. 确定锚固方式

查钢筋图集,一级抗震 C30 混凝土,锚固长度 $l_{aE} = 33d$,$l_{abE} = 33d$。

则对于 $\Phi 22$ 钢筋,锚固长度 $= 33 \times 22 = 726\ mm$;对于 $\Phi 25$ 钢筋,锚固长度 $= 33 \times 25 = 825\ mm$,大于支座宽度 $500\ mm$,应弯锚。

2. 确定保护层厚度

查钢筋图集,C30 混凝土保护层厚 $20\ mm$。

3. 计算钢筋图示尺寸

(1) 上部通长筋计算

上部通长筋 $2\Phi 22$,单根下料长度 = 通跨净跨长 l_n + 左右锚入支座内长度

弯锚锚固长度 $= \max(l_{aE}, 0.4l_{abE} + 15d, h_c - 保护层厚度 + 15d)$

$$= \max(34 \times 22, 0.4 \times 33 \times 22 + 15 \times 22, 500 - 25 + 15 \times 22)$$

$$= 810\ mm$$

长度 $= 7\ 200 - 500 + 810 \times 2$

$$= 8\ 320\ mm$$

(2) ④轴支座非贯通筋计算

第一排非贯通筋($1\Phi 22$):

长度 $= l_n/3 + \max(l_{aE}, 0.4l_{aE} + 15d, 支座宽 - 保护层厚度 + 弯折 15d)$

$$=(7\,200-500)/3+810$$

$$=3\,044\ \text{mm}$$

第二排非贯通筋($2\underline{\Phi}22$)：

长度$=l_n/4+\max(l_{aE},0.4l_{aE}+15d,$支座宽$-$保护层厚度$+$弯折$15d)$

$$=(7\,200-500)/4+810$$

$$=2\,485\ \text{mm}。$$

(3) ⑤轴支座非贯通筋计算

第一排非贯通筋($1\underline{\Phi}22$)：

长度$=l_n/3+\max(l_{aE},0.4l_{aE}+15d,$支座宽$-$保护层$+$弯折$15d)$

$$=(7\,200-500)/3+810$$

$$=3\,043\ \text{mm}。$$

第二排非贯通筋($2\underline{\Phi}22$)：

长度$=l_n/4+\max(l_{aE},0.4l_{aE}+15d,$支座宽$-$保护层$+$弯折$15d)$

$$=(7\,200-500)/4+810$$

$$=2\,485\ \text{mm}。$$

(4) 侧面构造筋($2\underline{\Phi}12$)计算

梁侧面构造纵筋$=l_n+15d\times2=(7\,200-500)+15\times12\times2=7\,060\ \text{mm}$。$l_n$ 为梁通跨净长。

(5) 下部通长筋($4\underline{\Phi}25$)计算

弯锚锚固长度$=\max(l_{aE},0.4l_{abE}+15d,h_c-$保护层$+15d)$

$$=\max(34\times25,0.4\times33\times25+15\times25,500-25+15\times25)$$

$$=\max(850,500-20+15\times25)=855\ \text{mm}。$$

长度$=$通跨净跨长 l_n+左右锚入支座内长度

$$=7\,200-500+855\times2$$

$$=8\,410\ \text{mm}。$$

(6) 箍筋、拉筋计算

① 箍筋单根长度计算

箍筋单根长度$=[(b-2c)+(h-2c)]\times2+1.9d\times2+\max(10d,75)\times2$

$$=[(300-40)+(600-40)]\times2+1.9\times8\times2+\max(10\times10,75)\times2$$

$$=(260+560)\times2+1.9\times10\times2+100\times2$$

$$=1\,878\ \text{mm}$$

② 拉筋单根长度计算

拉筋同时勾住纵筋和箍筋：因梁宽$<350\ \text{mm}$，所以拉筋的直径$d=6$。

拉筋图示长度$=b-2c+1.9d\times2+\max(10d,75)\times2$

$$=300-2\times20+1.9\times6\times2+\max(10\times6,75)\times2$$

$$=433\ \text{mm}。$$

③ 箍筋、拉筋根数

a. 箍筋根数$=$加密区根数$+$非加密区根数

加密区根数$=$(梁高 $h_b\times2-50$)/(加密区间距$+1)\times2$

$$=(2\times600-50)/100+1$$
$$=13\times2$$
$$=26(根)$$

非加密区根数$=$(净跨长$-$加密区长$\times2$)/(非加密间距)-1
$$=(7\,200-500-2\times600\times2)/200-1$$
$$=21(根)$$

箍筋总根数$=26+21=47$(根)。

b. 拉筋根数$=(l_n-50\times2)$/非加密区间距的2倍$+1$
$$=(7\,200-500-50\times2)/(2\times200)+1$$
$$=18(根)$$

【例 3-4-2】 如图 3-4-2 所示,屋面框架梁,作为支座的框架柱 KZ 截面尺寸为 600 mm $\times$600 mm,轴线居中。对焊,定尺长度 9 000 mm。混凝土强度等级 C30,抗震等级一级。锚固方式采用"梁包柱"锚固,即伸至端部下弯 $1.7l_{abE}$。计算上部通长筋、第一排支座负筋、第二排支座负筋的图示长度。

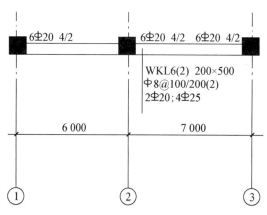

图 3-4-2 WKL6 梁平法图

解:1. 确定计算参数

(1)确定锚固长度:查图集16G101-1,一级抗震C30混凝土,锚固长度$l_{aE}=33d$,$l_{abE}=33d$。

(2)确定保护层厚度:查钢筋图集,C30混凝土保护层厚20 mm。

2. 计算钢筋图示长度

(1)屋面框架梁上部通长筋(2$\pm$20)计算:

长度$=$通跨净长$+$(左端支座宽$-$保护层厚度)$+$(右端支座宽$-$保护层厚度)$+1.7l_{abE}\times2$
$$=6\,000+7\,000+300+300-20\times2+2\times1.7l_{abE}$$
$$=13\,560+2\times1.7\times33\times20=15\,804\ mm$$

接头个数$=15\,804\div9\,000-1=1$(个),接头位置应在跨中 1/3 净跨范围内。

(2)上部非贯通筋计算

① ①轴支座处

第一排非贯通筋(2$\pm$20):

$$非贯通筋长度＝净跨 l_n/3＋(左端支座宽－保护层厚度)＋1.7l_{abE}$$
$$＝(6\,000－600)/3＋600－20＋1.7×33×20$$
$$＝3\,502\ mm$$

第二排非贯通筋(2Φ20)：
$$非贯通筋长度＝净跨 l_n/4＋(左端支座宽－保护层厚度)＋1.7l_{abE}$$
$$＝(6\,000－600)/4＋600－20＋1.7×33×20×2$$
$$＝3\,052\ mm$$

② ②轴支座处

第一排非贯通筋(2Φ20)：
$$非贯通筋长度＝净跨 l_n/3×2＋支座宽$$
$$＝(7\,000－600)/3×2＋600$$
$$＝4\,867\ mm$$

第二排负筋(2Φ20)：
$$负筋长度＝净跨 l_n/4×2＋支座宽$$
$$＝(7\,000－600)/4×2＋600$$
$$＝3\,800\ mm$$

③ ③轴支座处

第一排负筋(2Φ20)：
$$负筋长度＝净跨 l_{n1}/3＋(左端支座宽－保护层厚度)＋1.7l_{abE}$$
$$＝(7\,000－600)/3＋600－20＋1.7×33×20$$
$$＝3\,835\ mm$$

第二排负筋(2Φ20)：
$$负筋长度＝净跨 l_{n1}/4＋(左端支座宽－保护层厚度)＋1.7l_{abE}$$
$$＝(7\,000－600)/4＋600－20＋1.7×33×20$$
$$＝3\,302\ mm$$

【例 3-4-3】 如图 3-4-3 所示，非框架梁，作为支座的主梁宽 400 mm，轴线居中。对焊，定尺长度 9 000 mm。混凝土强度等级 C30，四级抗震。计算面筋、底筋的图示长度。

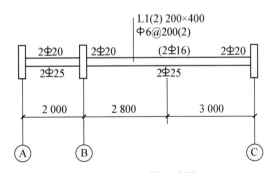

图 3-4-3　L1 梁平法图

解：1. 确定计算参数

(1) 确定锚固长度：查图集 16G101-1，C30 混凝土，锚固长度 $l_a＝29d$。

（2）确定保护层厚度：查钢筋图集，C30混凝土保护层厚20 mm。

2. 计算钢筋图示长度

（1）面筋通长筋计算

Ⓐ～Ⓑ轴上部钢筋（2 Φ 20）：

$$长度＝通跨净长＋（左端支座宽－保护层厚度＋15d）＋右端支座宽＋l_{n1}/3$$
$$＝2\,000－400＋（400－20＋15×20）＋400＋（2\,800＋3\,000－400）/3$$
$$＝4\,480 \text{ mm}$$

（2）负筋计算

Ⓒ轴支座处，第一排负筋（2 Φ 20）：

$$负筋长度＝l_{n1}/5＋锚固长度$$
$$＝l_{n1}/5＋（主梁宽－保护层厚度＋弯折15d）$$
$$＝（2\,800＋3\,000－400）/5＋（400－20＋15×20）$$
$$＝1\,760 \text{ mm}$$

3. Ⓑ～Ⓒ轴间，架立筋2 Φ 16：

$$图示长度＝梁净跨长－净跨×2/3＋150×2$$
$$＝（2\,800＋3\,000－400）－（2\,800＋3\,000－400）/3×2＋150×2$$
$$＝2\,100 \text{ mm}$$

4. 底筋计算

底筋（2 Φ 25）：$l_a＝29d＝29×25＝725$ mm，应弯锚。

$$锚固长度＝主梁宽－主梁保护层厚度＋7.5d$$
$$＝400－20＋7.5×25$$
$$＝568 \text{ mm}$$

$$底筋长度＝通跨净长＋左右支座锚固长度$$
$$＝2\,000＋2\,800＋3\,000－400＋568×2$$
$$＝7\,400＋1\,136$$
$$＝8\,536 \text{ mm}$$

【例 3-4-4】 如图 3-4-4 所示，一端悬挑的框架梁，作为支座的框架柱，KZ 截面尺寸为 600 mm×600 mm，轴线居中。对焊，定尺长度 9 000 mm。混凝土强度等级 C30，抗震等级一级。计算面筋通长筋、悬挑端面筋、底筋、箍筋的图示长度。

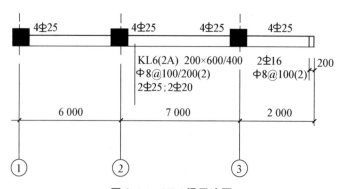

图 3-4-4　KL6 梁平法图

解: 1. 确定计算参数

(1) 查图集 16G101‐1,一级抗震 C30 混凝土,锚固长度 $l_{aE}=33d$。

则对于Φ 25 钢筋,锚固长度$=33\times25=825$ mm,大于支座宽度 $600-20=580$ mm,应弯锚。

(2) 确定保护层厚度

查钢筋图集,C30 混凝土保护层厚 20 mm。

2. 计算钢筋图示长度

(1) 悬挑梁上部角筋计算

上部角筋(2Φ25):

长度$=$净长$+$端支座锚固$+$悬挑远端锚固

$\quad\quad=$净长$+$端支座锚固$+12d$

$\quad\quad=6\,000+7\,000+2\,000-300-20+\max(l_{aE},h_c-保护层+15d)+12\times25$

$\quad\quad=14\,700-20+\max(850,600-20+15\times25)+12\times25$

$\quad\quad=14\,680+955+300$

$\quad\quad=15\,935$ mm

接头个数$=15\,935/9\,000-1=1$ 个,接头位置应在跨中 1/3 净跨范围内。

(2) 悬挑梁上部中间钢筋(2Φ25)计算

$L\geqslant4h_b$,$(1\,700<4\times600=2\,400$ mm),第一排悬挑端面筋[2Φ25(弯下)]:

图示长度$=(7\,000-600)/3+600+2\,000-300-20+12\times25=4\,713$ mm

(3) 悬挑端底筋计算

悬挑端底筋(2Φ16):

长度$=$净长$-$保护层厚$+$端支座锚固

$\quad\quad=L-C+15d=2\,000-300-20+15\times16$

$\quad\quad=1\,920$ mm

(4) 悬挑端箍筋计算

悬挑端箍筋(Φ8@100):

长度$=[(200-40)+(500-40)]\times2+1.9\times8\times2+\max(10\times8,75)\times2$

$\quad\quad=1\,430$ mm

根数$=(2\,000-300-50-20)/100+1$

$\quad\quad=18$(根)

3.5　梁钢筋下料长度计算

梁钢筋配料是根据施工图纸,计算梁钢筋下料长度,汇总编制钢筋配料表。

梁钢筋下料长度是指梁钢筋切断时的直线长度,计算时,应考虑钢筋弯曲量度差值。

板钢筋下料长度计算:

直钢筋下料长度$=$钢筋图示长度

弯起钢筋下料长度$=$钢筋图示长度$-\sum$钢筋弯曲量度差值

此外在计算钢筋下料长度时,还应考虑:

3.5.1 梁纵向钢筋端支座处弯折锚固排布构造

（1）节点处弯折锚固的框架梁纵向钢筋的竖向弯折段，如需与相交叉的另一方向框架梁纵向钢筋排布躲让时，当框架柱、框架梁纵筋较少时，可伸至紧靠柱箍筋内侧位置；当梁纵筋较多，且无法满足伸至紧靠柱箍筋内侧要求时，可仅将框架梁纵筋伸至柱外侧纵筋内侧，且梁纵筋最外排竖向弯折段与柱外侧纵向钢筋净距离宜为 25 mm。

（2）当梁截面较高，梁上、下部纵筋弯折段无重叠时，梁上部（或下部）的各排纵筋竖向弯折段之间宜保持净距 25 mm，如图 3-5-1(a)。

（3）当梁上、下部纵筋弯折段有重叠时，梁上部与下部竖向弯折段宜保持净距 25 mm，如图 3-5-1(b)；也可贴靠，如图 3-5-1(c)。

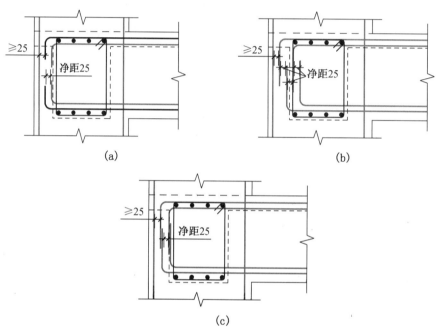

图 3-5-1 梁纵向钢筋支座处弯折锚固构造详图

3.5.2 钢筋接头位置

梁钢筋下料长度超过定尺长度时还应考虑钢筋接头问题，钢筋接头的关键是确定钢筋断开部位和连接部位，连接部位的选择需注意以下两点，一要满足施工质量验收规范要求，接头位置不宜位于构件的最大弯矩处；二要考虑采购钢筋的长度与允许下料长度之间的实际可操作性。

框架梁纵向钢筋连接见图 3-5-2。

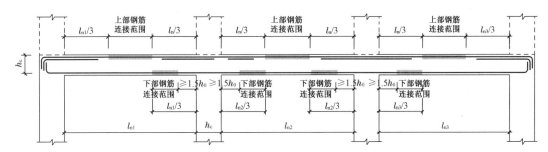

图 3-5-2 框架梁纵向钢筋连接示意图

（1）框架梁上部通长钢筋与非贯通钢筋直径相同时，纵筋连接位置宜位于跨中 $l_{ni}/3$ 范围内。

（2）框架梁下部钢筋宜贯穿节点或支座，可延伸至相邻跨内箍筋加密区以外搭接连接，连接位置宜位于支座 $l_{ni}/3$ 范围内，且距离支座外边缘不应小于 $1.5h_c$。

3.5.3 框架梁钢筋下料长度计算实例

下面就以【例 3-4-1】为例，来进行梁钢筋的下料长度计算及翻样。

【例 3-5-1】 试计算图 3-4-1 中 KL4 梁钢筋的下料长度及翻样。

解：对于上部Φ22 钢筋，弯折长度 $15d=15\times22=330$，梁下部Φ25 钢筋，弯折长度 $15d=15\times25=375$ mm，$330+375=705$ mm>600 mm，选择梁纵筋最外排竖向弯折段与柱外侧纵向钢筋净距离宜为 25 mm，梁上部（或下部）的各排纵筋竖向弯折段之间宜保持净距 25 mm 的排布方式。于是钢筋的下料长度计算如下：

（1）上部通长筋下料长度

上部通长筋 2Φ22，单根下料长度＝图示长度－柱箍筋直径×2－柱拉筋直径×2－柱纵筋直径×2－25×2－2 个 90°量度差值＝8 320－8×2－8×2－22×2－25×2－2×2.08×22＝8 102 mm

（2）④轴支座非贯通筋下料长度

第一排非贯通筋（1Φ22）：

下料长度＝3 044－柱箍筋直径－柱拉筋直径－柱纵筋直径－25－1 个 90°量度差值＝3 044－8－8－22－25－1×2.08×22＝2 935 mm

第二排非贯通筋（2Φ22）：

长度＝2 485－柱箍筋直径－柱拉筋直径－柱纵筋直径－25－第一排上部钢筋直径－25－1 个 90°量度差值＝2 485－8－8－22－25－22－25－2.08×22＝2 329 mm

（3）⑤轴支座非贯通筋下料长度

第一排非贯通筋（1Φ22）：

下料长度＝3 044－柱箍筋直径－柱拉筋直径－柱纵筋直径－25－1 个 90°量度差值＝3 044－8－8－22－25－2.08×22＝2 935 mm

第二排非贯通筋（2Φ22）：

长度＝2 485－1 个 90°量度差值－柱箍筋直径－柱拉筋直径－柱纵筋直径－25－第一排上部钢筋直径－25＝2 485－2.08×22－8－8－22－25－22－25＝2 329 mm

（4）侧面构造筋（2⻔12）下料长度

梁侧面构造纵筋下料长度＝7 060 mm

（5）下部通长筋（4⻔25）下料长度

下料长度＝8 410－柱拉筋直径×2－柱箍筋直径×2－柱纵筋直径×2－25×2－梁上部纵筋直径×2－25×2－2个90°量度差值＝8 410－8×2－8×2－22×2－25×2－22×2－25×2－2×2.08×25＝8 086 mm

（6）箍筋、拉筋下料计算

① 箍筋单根下料长度＝1 878－2个拉筋直径×2－3个90°量度差值＝1 878－2×6×2－3×1.751d＝1 878－2×6×2－3×1.751×10＝1 801 mm

根数＝47根

② 拉筋单根下料长度＝下料长度＝图示长度＝433 mm

根数＝18根

（7）KL4梁钢筋翻样见表3-5-1。

表3-5-1　KL4梁钢筋翻样表

序号	构件名称	所在位置	规格等级	形状	下料长度/mm	根数	总长/m	总重量/kg
1	KL4	面筋通长筋	⻔22	330 ⌐ 7 533 ⌐ 330	8 102	2	16.20	48.35
2		④轴支座第一排负筋	⻔22	330 ⌐ 2 651	2 935	1	2.94	8.76
3		④轴支座第二排负筋	⻔22	330 ⌐ 2 045	2 329	2	4.66	13.90
4		⑤轴支座第一排负筋	⻔22	330 ⌐ 2 651	2 935	1	2.94	8.76
5		⑤轴支座第二排负筋	⻔22	330 ⌐ 2 045	2 329	2	4.64	13.83
6		侧面构造筋	⻔12	7 060	7 060	2	14.12	12.54
7		下部通长筋	⻔25	375 ⌐ 7 440 ⌐ 375	8 086	4	32.34	124.63
8		箍筋	⻔10	248 560	1 801	47	84.65	52.19
9		拉筋	⻔6	260	433	18	7.79	1.73
合计:⻔22,93.60 kg;⻔25,124.63 kg;⻔12,12.54 kg;⻔10,52.19 kg;⻔6,1.73 kg。								

技能训练　梁钢筋下料长度计算与翻样

1. 训练目的

通过框架结构混凝土梁钢筋计算与翻样练习,熟悉梁结构平法施工图,能正确计算梁钢筋的图示长度和下料长度,编制梁钢筋配料单,并加工制作梁钢筋。

2. 项目任务

(1) 完成 L2、KL4 的钢筋长度的计算。
(2) 编制钢筋配料单,并制作安装梁钢筋。

3. 项目背景

梁的环境:一级抗震、C30 混凝土、保护层厚 20 mm。

4. 项目实施

(1) 将学生分成 5 人一组。
(2) 根据施工图设计文件和 16G101 - 1 图集,识读梁钢筋图纸,计算梁中钢筋的图示长度和下料长度,编制钢筋配料单。
(3) 加工制作梁钢筋。

5. 训练要求

(1) 加工钢筋时严格按照操作规程,注意安全。
(2) 学生应在教师指导下,独立认真地完成各项内容。
(3) 钢筋计算应正确,完整,无丢落、重复现象。
(4) 提交统一规格的钢筋下料单。

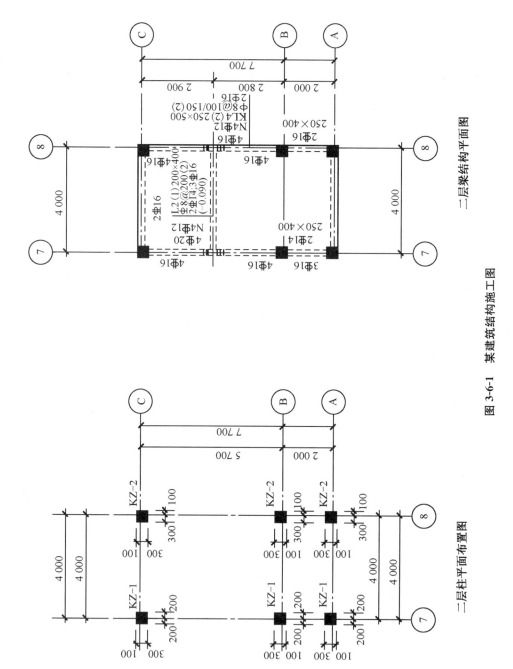

图 3-6-1　某建筑结构施工图

第4章 柱钢筋计算与翻样

学习目的: 1. 了解柱、柱钢筋的分类;
             2. 掌握柱平法识图基本知识;
             3. 能识读和绘制柱的平法施工图;
             4. 掌握柱钢筋的构造与图示尺寸的计算;
             5. 能进行柱钢筋下料长度的计算与翻样。

教学时间: 16 学时
教学过程/教学内容/参考学时:

教学过程	教学内容	参考学时
4.1 柱钢筋基础知识	钢筋混凝土柱的分类	1
	柱钢筋的分类	
4.2 柱钢筋平法识图	柱筋的列表注写方式	2
	柱筋的截面注写方式	
4.3 柱钢筋构造与计算	基础层纵筋的构造与长度计算	9
	首层纵筋的构造与长度计算	
	中间层纵筋的构造与长度计算	
	顶层纵筋的构造与长度计算	
	变截面纵筋的构造与长度计算	
	箍筋长度的构造与计算	
	箍筋根数的构造与计算	
4.4 柱钢筋图示尺寸计算实例	框架柱钢筋图示长度计算实例	2
4.5 柱钢筋下料尺寸计算与翻样实例	框架柱钢筋钢筋下料长度计算实例	2
共计		**16**

4.1 柱钢筋基础知识

4.1.1 钢筋混凝土柱的分类

施工中常见的钢筋混凝土柱有框架柱、转换柱、芯柱、梁上柱、墙上柱和构造柱等,其中,构造柱不属于平法范畴。

1. 框架柱

框架柱是框架结构中承受力最大的构件,在框架结构中承受从板和梁传来的荷载,主要承受竖向荷载,同时承受水平荷载,并将荷载传给基础。

2. 转换柱

转换柱用于框架结构向剪力墙结构转换那一层的柱,如:柱的上层是剪力墙时便定义该柱为转换柱。转换柱是框架结构和剪力墙结构转换的那一层柱,其上其下都不属于转换柱。

3. 芯柱

当柱的截面较大,而柱外侧一圈的钢筋不能满足相应的承载力要求时,需要往柱中再设置一圈纵筋,由内侧钢筋围成的柱便称为芯柱。若在砌块内部空腹中插入钢筋并浇筑混凝土后形成的砌体内部的钢筋混凝土小柱也是芯柱。它隐藏于柱中,不是一根独立的柱子。

4. 梁上柱

梁上柱不是生根在基础,而是在梁上,主要出现于建筑物的上下结构或建筑的布局发生变化时。梁上柱将柱子的力传给下面的梁,再通过梁传到下面的柱子。

5. 剪力墙上柱

剪力墙上柱生根于墙上,而不是基础。同梁上柱一样,主要出现于建筑上下结构或建筑布局变化时。

6. 构造柱

构造柱的设置是为了提高多层建筑砌体结构的抗震性能,要求应在房屋的砌体内适宜部位设置钢筋混凝土柱并与圈梁连接,共同加强建筑物的稳定性。构造柱主要不是承担竖向荷载,而是抵抗风荷载、地震作用等横向作用的,其形式有"一"字形、"T"形、"L"形和"十"字形四种。

4.1.2 柱钢筋的分类

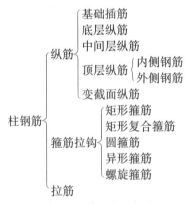

图 4-1-1 柱钢筋的分类情况

柱钢筋分类情况见图 4-1-1。柱中有纵向受力钢筋、箍筋和拉筋。根据柱所受外力可将柱分为轴心受压柱和偏心受压柱,轴心受压柱内的钢筋通常对称配置。纵向钢筋承受轴向压力或轴向压力和弯矩共同作用;箍筋与纵筋形成骨架,箍筋除了防止纵筋外凸,保证固定纵筋的正确位置外,还承受由于柱子本身受上部荷载产生的剪力,防止纵筋被压弯。拉筋是同时拉住纵筋和箍筋的钢筋。

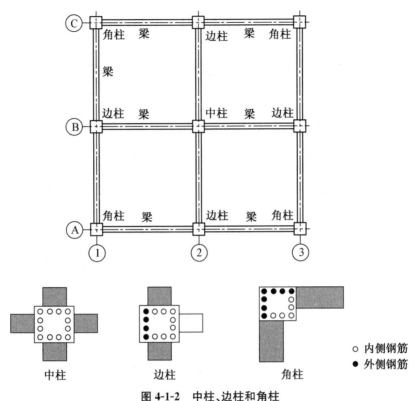

图 4-1-2　中柱、边柱和角柱

　　根据柱纵筋所在结构层位置,可将框架柱纵筋分为基础插筋、底层(首层)纵筋、中间层纵筋和顶层纵筋。根据柱所处位置不同,柱分为中柱、边柱和角柱三种,中柱的柱纵筋全部为内侧钢筋,边柱和角柱的柱纵筋有内侧钢筋和外侧钢筋之分,如图 4-1-2 所示。

　　箍筋具有多种类型,矩形箍、复合箍、异形箍和圆形箍等。图 4-1-3 是几种箍筋类型的示意图。

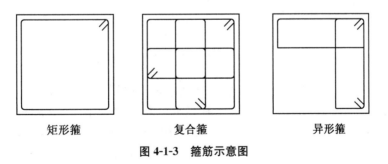

图 4-1-3　箍筋示意图

4.2 柱钢筋平法识图

柱的平面表达方式有列表注写方式和截面注写方式,施工图中还需注明结构层楼面标高、结构层高及相应的结构层号。

4.2.1 列表注写方式

在柱平面布置图上,在同一编号的柱中自选一个(有时选择多个)截面标注几何参数代号,并在柱表中注写柱的编号、柱段起止标高、几何尺寸(含柱截面对轴线的偏心情况)及配筋的具体数值,配以各种柱截面形状及其箍筋类型图的方式,来表达柱平法施工图,如图4-2-1 所示。

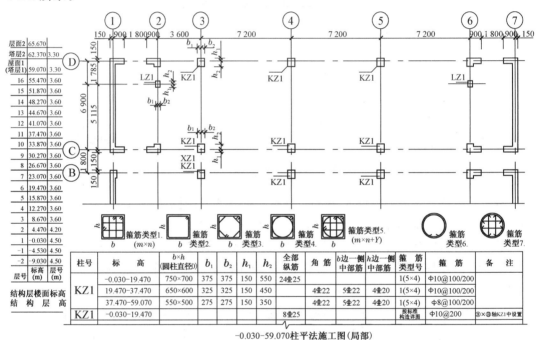

图 4-2-1 柱平法施工图列表注写方式

从图 4-2-1 中可以看到,完整的一个用列表注写方式的柱平法施工图包括柱平面图、箍筋类型图、层高与标高表、柱表四个部分。柱是竖向构件,和梁不同,梁构件的平法施工图主要是阅读结构平面图中构件本身的施工图,而柱构件的平法施工图,除了构件本身的截面尺寸及配筋情况外,还需要楼层与标高信息。柱表包含以下几个方面。

1. 柱的编号

在实际工程中,我们会遇到各种各样的柱,表 4-2-1 列出了平法范畴内的柱类型编号。

表 4-2-1　柱的类型编号

柱类型	代号	序号
框架柱	KZ	XX
转换柱	ZHZ	XX
芯柱	XZ	XX
梁上柱	LZ	XX
剪力墙上柱	QZ	XX

编号时,当柱的总高、分段截面尺寸和配筋均对应相同,仅截面与轴线的关系不同时,仍可将其编为同一柱号,但是应在图中注明截面与轴线的关系。

2. 柱段起止标高

柱段的起止标高应自柱根部往上以变截面位置或者截面未变但配筋改变的地方为界分段注写。

各类柱根部标高的确定:框架柱的根部标高指基础顶面标高;转换柱同框架柱;芯柱根据结构实际需要确定起始位置标高;梁上柱指梁顶面标高;剪力墙上柱为墙顶面标高。

3. 几何尺寸

在列表中,对于矩形柱,需注写柱的截面尺寸 $b \times h$,几何参数代号 b_1,b_2,h_1,和 h_2 的具体数值,其中 $b = b_1 + b_2$,$h = h_1 + h_2$。若截面的某一边收缩变化至与轴线重合或者偏到轴线的另一侧时,b_1,b_2,h_1,和 h_2 中的某项为零或为负值。

对于圆柱,列表中 $b \times h$ 一栏改为 D 加圆柱的直径数字,并使 $D = b_1 + b_2 = h_1 + h_2$。芯柱按 16G101-1 图集标准构造详图施工时,设计不需要注写;若设计者采用非构造详图的做法时,应另行注明。

4. 柱纵筋

当柱纵筋直径相同,各边根数也相同时,将纵筋注写在"全部纵筋"处,除此之外,柱纵筋角筋、b 边一侧中部筋和 h 边一侧中部筋应分别注写。

注写柱纵筋,分角筋、截面 b 边中部筋和 h 边中部筋,若矩形截面柱采用对称配筋的方式,可只注写柱一侧的中部筋。

5. 箍筋类型及箍筋

在箍筋类型一栏需要填写箍筋的类型号和肢数,并需要在表的上部或适当位置画出,再画出图上标注与表中相对应的 b,h 和类型号,如图 4-2-1 所示。

注写箍筋,包括箍筋级别、直径与间距。当为抗震设计时,用"/"区分箍筋加密区与非加密区;当箍筋沿柱为一种间距时,则不用"/"。

【例 4-2-1】　说明Ф 8@100/200 和Ф 8@100 的含义。

解:Ф 8@100/200 表示柱中箍筋为 HPB300 级钢筋,直径为 8 mm,加密区箍筋间距为 100 mm,非加密区箍筋间距为 200 mm。

Ф 8@100 表示箍筋沿柱全高范围内箍筋均为 HPB300 级钢筋,直径 8 mm,间距为 100 mm。

4.2.2 截面注写方式

截面注写方式是指在同一编号的柱中选择一个截面放大到能看清的比例,直接注写柱的名称、起止标高、几何尺寸、配筋数值、箍筋类型等内容,如图 4-2-2 所示。

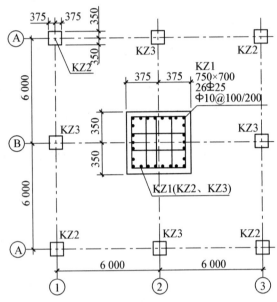

图 4-2-2 柱平法施工图截面注写方式例图

在图 4-2-2 中,KZ1 集中标注表达的含义是:

750×700:表示柱的截面尺寸,截面宽为 750 mm 和截面高 700 mm。

$26 \Phi 25$:表示全部纵筋是 26 根直径为 25 mm 的 HRB335 钢筋。

$\Phi 10@100/200$:表示柱的箍筋是直径为 10 mm 的 HPB300 级钢筋,加密区箍筋间距为 100 mm,非加密区箍筋间距为 200 mm。

当纵筋采用两种直径时,需要注写截面各边中部筋的具体数值,对于采用对称配筋的矩形截面柱,可仅在一侧注写中部筋,对称边则省略不注。

4.3 柱钢筋构造与计算

4.3.1 柱钢筋构造与图示长度计算

抗震框架柱(KZ)在工程中应用范围较广,本节着重讲解 KZ。

1. 纵向钢筋的连接构造

纵筋的连接方式有三种,分别为绑扎连接、焊接和机械连接,如图 4-3-1。

从图 4-3-1 可知:上部结构嵌固位置,柱纵筋的非连续区高度为 $H_n/3$(H_n 是所在楼层的柱净高);各层非连续区高度为 $\max(H_n/6, h_c, 500)$,其中,h_c 为柱截面长边尺寸,若为圆柱则为截面直径;钢筋连接头相互错开的距离分别为:绑扎连接接头错开距离不小于 $0.3l_{lE}$,

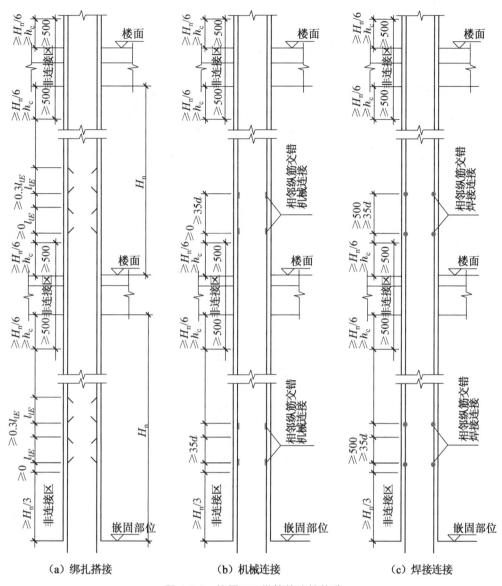

（a）绑扎搭接　　　　　（b）机械连接　　　　　（c）焊接连接

图 4-3-1　抗震 KZ 纵筋的连接构造

机械连续接头错开距离不小于 $35d$，焊接连接接头错开距离不小于 $35d$ 且不小于 500 mm。

若采用绑扎搭接，柱纵筋的绑扎搭接长度取值见章节 1.2.2。

柱相邻的纵向钢筋连接接头相互错开，在同一截面上钢筋接头面积百分率不宜大于 50%。通俗地说，就是在布置钢筋时应一长一短交错摆放，但是长钢筋和短钢筋是人为确定的。

纵向钢筋的一般连接要求：

当受拉钢筋直径大于 25 mm 及受压钢筋直径大于 28 mm 时，不宜采用绑扎搭接；

轴心受拉及小偏心受拉构件中纵向受力钢筋不应使用绑扎搭接接头；

纵向受力钢筋连接位置尽量避开梁端、柱端箍筋加密区，若必须在梁端、柱端箍筋加密区连接时,应采用机械连接或者焊接。

2. 柱箍筋构造

对于有抗震设防要求的结构,为提高框架节点的承载力和结构的抗震能力,必须配置足够数量的箍筋。

框架柱的箍筋加密区长度,应取柱截面长边尺寸(或圆形截面直径)、柱净高的 1/6 和 500 mm 中的最大值(抗震 KZ,QZ 和 LZ 的箍筋加密区范围详见图 4-3-2);一、二级抗震等级的角柱应沿柱全高加密箍筋。底层柱根箍筋加密区长度应取不小于该层净高的 1/3;当有刚性地面时,除柱端箍筋加密区外,尚应在刚性地面上下各 500 mm 的高度范围内加密箍筋。

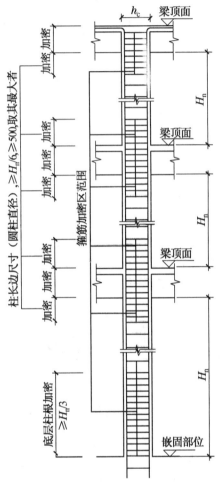

图 4-3-2 抗震 KZ,QZ 和 LZ 箍筋加密区范围

框架柱和转换柱上下两端箍筋应加密,加密区的箍筋最大间距和箍筋最小直径应符合表 4-3-1 的规定。

表 4-3-1　柱端箍筋加密区的构造要求

抗震等级	箍筋最大间距/mm	箍筋最小直径/mm
一级	纵向钢筋直径的 6 倍和 100 中的较小值	10
二级	纵向钢筋直径的 8 倍和 100 中的较小值	8
三级	纵向钢筋直径的 8 倍和 150(柱根 100)中的较小值	8
四级	纵向钢筋直径的 8 倍和 150(柱根 100)中的较小值	6(柱根 8)

注:柱根系指底层柱下端的箍筋加密区范围。

4.3.2　柱钢筋图示长度的计算

1. 柱纵向钢筋图示长度计算

由图 4-3-1 可知,柱纵向钢筋有绑扎连接、焊接和机械连接三种连接方式,每种连接方式下纵向钢筋的计算方法大体一致,但有以下两个细节有所差别。① 本节列出的纵向钢筋计算公式是采用焊接和机械连接方式(搭接长度=0),若绑扎连接方式则还需加上"搭接长度"(搭接长度的计算见章节 1.2.2)。② 计算公式中出现的"相邻钢筋错开连接"所错开的距离根据钢筋连接方式有所不同:绑扎连接接头错开距离不小于 $0.3l_{lE}$;机械连接接头错开距离不小于 $35d$;焊接连接接头错开距离不小于 $35d$,且不小于 500 mm。

由于柱相邻的纵向钢筋连接接头须错开,因此,在计算每层纵筋时,需同时计算出一长一短的钢筋长度值。

(1) 基础层纵筋图示长度计算

① 基础插筋图示长度(低位)=弯折长度 a+基础内竖直长度 h+基础顶面非连接区高度 $H_n/3$

② 基础插筋图示长度(高位)=弯折长度 a+基础内竖直长度 h+基础顶面非连接区高度 $H_n/3$+相邻钢筋错开连接

式中:H_n——基础相邻层的净高。

弯折长度 a 和基础内竖直长度 h 的取值,如图 4-3-3,分以下情况:

① 根据 16G101-3 柱纵向钢筋在基础中构造中说明可知,当符合下列两个条件之一:柱为轴心受压或小偏心受压,基础高度或基础顶面至中间层钢筋网片顶面距离不小于 $1\,200$;柱为大偏心受压,基础高度或基础顶面至中间层钢筋网片顶面距离不小于 $1\,400$。

柱四角纵筋:弯折长度 $a=\max(6d,150)$;

基础内竖直长度 h=基础高度 h_j-基础保护层厚度

柱中部钢筋:弯折长度 $a=0$;

基础内竖直长度 $h=l_{aE}$。

② 基础高度 h_j-基础保护层厚度$\leqslant l_{aE}$,即基础高度不满足直锚:

弯折长度 $a=15d$;

基础内竖直长度 h=基础高度 h_j-基础保护层厚度

③ 基础高度 h_j-基础保护层厚度$>l_{aE}$,即基础高度满足直锚:

弯折长度 $a=\max(6d,150)$;

基础内竖直长度 h＝基础高度 h_j－基础保护层厚度。

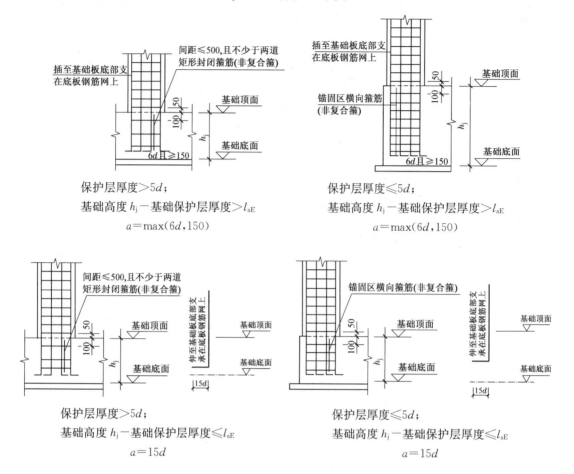

图 4-3-3　柱插筋在基础中的长度

（2）首层柱纵筋图示长度计算

① 首层柱纵筋图示长度（低位）＝首层层高＋基础顶到地面（±0.00 处）高－本层非连接区长度 $H_n/3$＋伸入上层非连接区长度

其中：伸入上层的非连接区高度＝$\max(H_n/6,500,h_c)$，h_c 柱截面长边尺寸（圆柱为直径）。

② 首层柱纵筋图示长度（高位）＝首层层高＋基础顶到地面（±0.00 处）高－本层非连接区长度 $H_n/3$－上层错开长度＋伸入上层非连接区高度＋本层错开长度

由于上层错开长度＝本层错开长度，所以，首层低位筋长度＝首层柱高位筋长度。

（3）中间层柱的纵筋图示长度计算

① 中间层柱纵筋图示长度（低位）＝层高－本层非连接区长度＋伸入上层非连接区长度

其中：本层非连接区长度和伸入上层的非连接区高度＝$\max(H_n/6,500,h_c)$，h_c 为柱截面长边尺寸（圆柱为直径）。

② 中间层柱纵筋图示长度（高位）＝层高－本层非连接区长度－上层错开长度＋伸入上层非连接区高度＋本层错开长度

若本层和上层的 H_n 值相等, h_c 一致, 中间层低位筋长度＝中间层柱高位筋长度＝层高。

（4）顶层柱纵筋图示长度计算

1）顶层中柱纵筋图示长度计算

中柱顶部四面均有梁, 其纵向钢筋直接锚入顶层梁内或板内, 锚固方式存在四种情况, 如图 4-3-4 所示。

图 4-3-4 中,（a）: 直锚长度＜l_{aE};（b）: 柱顶有小于 100 厚的现浇板;（c）: 柱纵向钢筋端头加锚头（锚板）;（d）: 直锚长度≥l_{aE}。

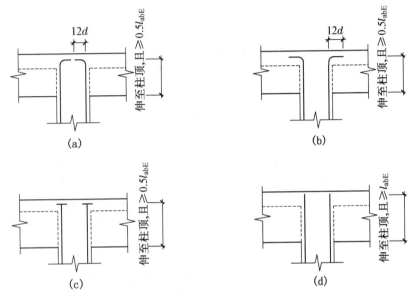

图 4-3-4　中柱柱顶纵向钢筋构造图

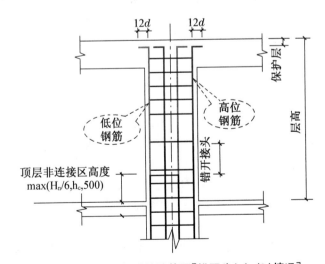

图 4-3-5　顶层中柱纵筋计算图［锚固为(a),(b)情况］

根据图 4-3-4 和图 4-3-5 可知, 顶层中柱纵筋长度计算方法如下:

当顶层中柱纵筋锚固为（a）和（b）情况:

① 顶层中柱纵筋图示长度（低位）＝顶层层高－梁高－顶层非连接区长度＋梁高－保护层厚度＋12d；

② 顶层中柱纵筋图示长度（高位）＝顶层层高－梁高－顶层非连接区长度－错开连接长度＋梁高－保护层厚度＋12d。

当顶层中柱纵筋锚固为(c)和(d)情况：

① 顶层中柱纵筋图示长度（低位）＝顶层层高－顶层非连接区长度－保护层厚度；

② 顶层中柱纵筋图示长度（高位）＝顶层层高－顶层非连接区长度－保护层厚度－错开连接长度。

其中，顶层非连接区长度＝$\max(H_n/6,500,h_c)$。

2）顶层边柱和角柱的纵筋图示长度计算

边柱三面有梁，角柱两面有梁，如图 4-3-6 所示。

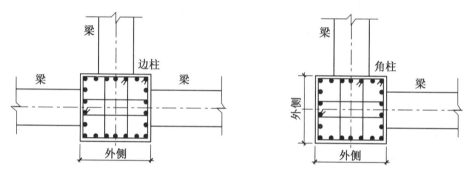

图 4-3-6　边柱、角柱识别图

顶层角柱纵筋的计算方法和边柱一样，只是角柱外侧是两个面，外侧纵筋总根数为两个外侧总根数之和，即角柱和边柱的外侧钢筋和内侧钢筋的根数不同。

边柱和角柱的柱内侧纵筋计算方法和中柱柱顶纵筋计算方法一致，外侧柱顶纵筋长度计算公式如下：

① 顶层外侧纵筋图示长度（低位）＝顶层层高－梁高－下部非连接区长度＋伸入梁板内长度；

② 顶层外侧纵筋图示长度（高位）＝顶层层高－梁高－下部非连接区长度－错开连接长度＋伸入梁板内长度。

其中，顶层非连接区长度＝$\max(H_n/6,500,h_c)$。

伸入梁板内长度值（包括柱外侧纵筋伸至柱内边向下弯长度）需根据边柱和角柱柱顶纵筋构造节点情况而定，详见图 4-3-7。

图 4-3-7 中的节点(d)不应单独使用，伸入梁内的柱外侧纵筋不宜少于柱外侧全部纵筋面积的 65％；(a)～(d)均属于梁纵筋与柱纵筋弯折搭接型，即工程上的"柱包梁"，(e)属于梁纵筋与柱纵筋竖直搭接型，即"梁包柱"。

在计算顶层边柱和角柱的钢筋长度时，首先区分是内侧钢筋还是外侧钢筋（见图4-3-8）；外侧钢筋再区分第一、二层钢筋，分别计算。再根据图 4-3-7 中柱纵向钢筋的构造图确定"伸入梁板内长度值"，进一步计算出顶层边柱、角柱外侧纵筋长度。

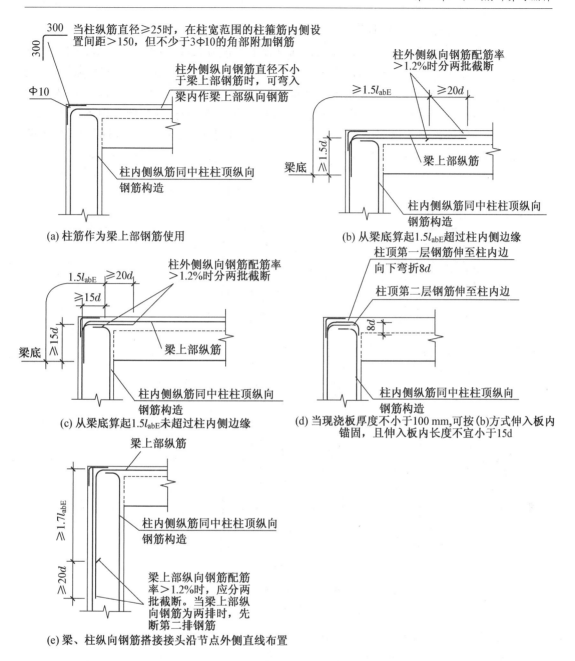

(a) 柱筋作为梁上部钢筋使用

当柱纵筋直径≥25时，在柱宽范围的柱箍筋内侧设置间距＞150，但不少于3Φ10的角部附加钢筋

柱外侧纵向钢筋直径不小于梁上部钢筋时，可弯入梁内作梁上部纵向钢筋

Φ10

柱内侧纵筋同中柱柱顶纵向钢筋构造

(b) 从梁底算起1.5l_{abE}超过柱内侧边缘

柱外侧纵向钢筋配筋率＞1.2%时分两批截断

≥1.5l_{abE}　≥20d

≥1.5d

梁底

梁上部纵筋

柱内侧纵筋同中柱柱顶纵向钢筋构造

(c) 从梁底算起1.5l_{abE}未超过柱内侧边缘

柱外侧纵向钢筋配筋率＞1.2%时分两批截断

1.5l_{abE}　≥20d

≥15d

≥15d

梁底

梁上部纵筋

柱内侧纵筋同中柱柱顶纵向钢筋构造

(d) 当现浇板厚度不小于100 mm,可按(b)方式伸入板内锚固,且伸入板内长度不宜小于15d

柱顶第一层钢筋伸至柱内边向下弯折8d

柱顶第二层钢筋伸至柱内边

8d

柱内侧纵筋同中柱柱顶纵向钢筋构造

(e) 梁、柱纵向钢筋搭接接头沿节点外侧直线布置

梁上部纵筋

≥1.7l_{abE}

≥20d

柱内侧纵筋同中柱柱顶纵向钢筋构造

梁上部纵向钢筋配筋率＞1.2%时，应分两批截断。当梁上部纵向钢筋为两排时，先断第二排钢筋

图 4-3-7　抗震 KZ 边柱和角柱柱顶纵向钢筋构造图

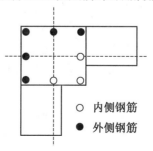

○ 内侧钢筋
● 外侧钢筋

图 4-3-8　内外钢筋示意图

（5）变截面纵筋图示长度计算

对于抗震框架柱,变截面位置的纵向钢筋可分为五种情况,如图 4-3-9 所示。从图 4-3-9 中的（a）～（e）图看出,楼面之上的钢筋是上层柱纵筋与下层柱纵筋的连接,和"变截面"的关系小,而受"变截面"影响的主要是楼面之下部分的纵向钢筋,其中,图 4-3-9 的（e）图表示的是角柱中变截面的柱纵筋处理情况,下层的柱纵筋断开,上层的柱纵筋伸入到下层 $1.2l_{aE}$,下层的柱纵筋伸到该层的顶部后弯折 l_{aE}。总体而言,可将图 4-3-9 中的变截面情况分为两类:$\Delta/h_b>1/6$,$\Delta/h_b\leqslant1/6$。

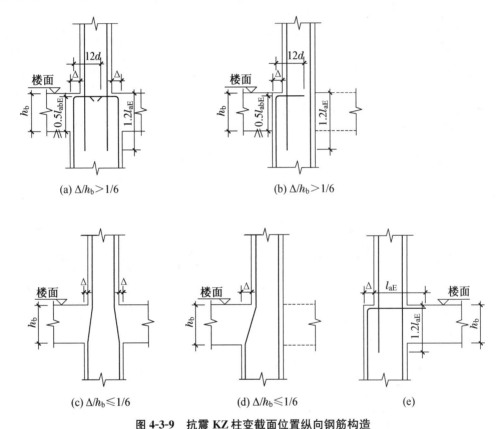

图 4-3-9　抗震 KZ 柱变截面位置纵向钢筋构造

（Δ:上下柱同向侧面错开的宽度;h_b:框架梁的截面高度）

1）$\Delta/h_b>1/6$［图 4-3-9 的（a）,（b）图］

从图 4-3-9 中可看到,下层柱纵筋没有和上层纵筋连续,而是断开,下层的柱纵筋伸到该层的顶部后弯折 $12d$,上层的柱纵筋伸到下层 $1.2l_{aE}$。这种情况变截面上层及下层的柱纵筋长度的计算公式如图 4-3-10。

① 下层纵筋图示长度（低位）＝层高－下部非连接区长度－上部保护层＋$12d$;

② 下层纵筋图示长度（高位）＝层高－下部非连接区长度－错开连接高度－上部保护层＋$12d$;

③ 上层纵筋图示长度（低位）＝伸入下层 $1.2l_{aE}$＋上层下部非连接区长度;

④ 上层纵筋图示长度（高位）＝伸入下层 $1.2l_{aE}$＋上层下部非连接区长度＋错开连接高度。

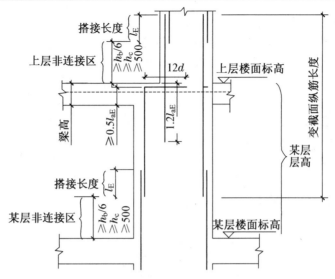

图 4-3-10　$\Delta/h_b > 1/6$ 变截面柱纵筋计算图

2) $\Delta/h_b \leqslant 1/6$[图 4-3-9 的(c),(d)图]

从图中可以看到,下层的柱纵筋斜弯并连续地伸入上层,但当 $\Delta/h_b \leqslant 1/6$ 时,由于 Δ 值很小,斜长可以忽略不计,柱纵筋的计算方法和中间层一样(参见图 4-3-11)。

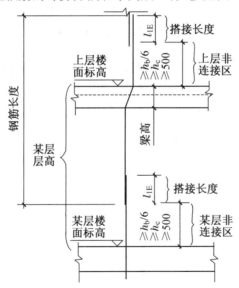

图 4-3-11　$\Delta/h_b \leqslant 1/6$ 变截面柱纵筋计算图

变截面层柱纵筋长度=层高-本层非连接区长度+伸入上层非连续区长度

其中:伸入上层的非连接区高度=$\max(H_n/6, 500, h_c)$,h_c 为柱截面长边尺寸(圆柱为直径)。

本层非连接区长度的取值:首层为 $H_n/3$;非首层的其他中间层为 $\max(H_n/6, 500, h_c)$。

柱低位筋长度=柱高位筋长度。

2. 柱箍筋的计算

柱箍筋的计算包含箍筋长度和根数两个方面。注意复合箍筋包含外箍筋和内箍筋。

(1) 柱箍筋的图示长度计算

箍筋图示长度＝箍筋外周长＋2×弯钩长度

其中,箍筋外周长根据箍筋箍住的纵筋的间距来计算它的宽度(无论是矩形箍还是复合箍)。对有抗震设防要求的结构构件,箍筋弯钩的弯折角度为135°,弯折后平直长度不应小于箍筋直径的10倍和75 mm两者中的较大值,即 $\max(10d,75)$,钢筋经弯曲135°对应弯曲处的长度为1.9d。因此,弯钩长度＝$\max(10d,75)$＋1.9d。当箍筋直径不小于8 mm时,弯钩长度＝11.9d。

柱箍筋中使用最频繁的是矩形箍筋,矩形箍筋的长度计算公式如下:

矩形箍筋图示长度＝(柱截面宽＋柱截面高)×2－8×保护层厚度＋2×弯钩长度

(2) 柱箍筋根数的计算

1) 按纵筋绑扎连接情况计算箍筋的根数

① 基础层箍筋为非复合箍,其根数计算如图 4-3-12 所示。

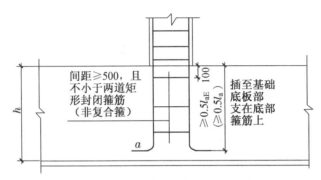

图 4-3-12 基础层箍筋根数计算图

基础层箍筋根数＝(基础高度 h_j－基础保护层－100)/箍筋间距＋1

其中:箍筋间距≤500;100 为基础顶面下起步间距

计算结果向上取整,基础层箍筋根数不得少于 2 根。

② 楼层箍筋根数计算:

基础相邻层(或首层)柱箍筋布置,如图 4-3-13 所示。

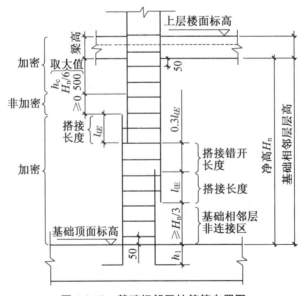

图 4-3-13 基础相邻层柱箍筋布置图

基础相邻层(或首层)柱箍筋根数计算,见表 4-3-3。

表 4-3-3　基础相邻层(或首层)柱箍筋根数计算表(绑扎连接)

部位	范围	是否加密	加密长度	全高加密箍筋根数计算公式	非全高加密箍筋根数计算公式
基础相邻层非连接区	$H_n/3$	加密	$A=($层高$-$梁高$)/3$	如果 $A+B+C$ 大于层高,说明为全高加密。箍筋根数$=($层高$-100)/$加密区间距$+1$	$(A-50)/$加密区间距$+1$
搭接范围	$l_{lE}+0.3l_{lE}+l_{lE}$	加密	$B=2.3l_{lE}$		$B/$加密区间距
梁高范围及梁下部位	梁高$+\max$ $(h_c,$ $H_n/6,500)$	加密	$C=$梁高$+\max$ $(h_c,H_n/6,500)$		$(C-50)/$加密区间距$+1$
非加密部位	剩余部分	非加密	$D=$层高$-(A+B+C)$		非加密区箍筋根数$=$ $D/$非加密间距-1

注:基础顶面上起步间距 50 mm,梁下部位下起步间距 50 mm。

中间层柱箍筋布置,如图 4-3-14 所示。

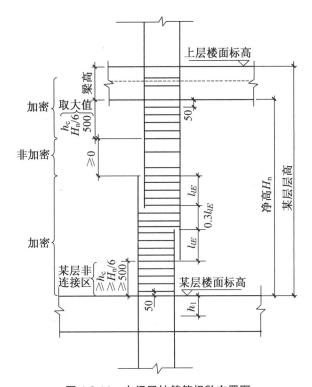

图 4-3-14　中间层柱箍筋根数布置图

中间层柱箍筋根数计算,见表 4-3-4。

表 4-3-4　中间层柱箍筋根数计算表(绑扎连接)

部位	范围	是否加密	加密长度	全高加密箍筋根数计算公式	非全高加密箍筋根数计算公式
某层非连接区	$\max(h_c, H_n/6, 500)$	加密	$A=(层高-梁高)/3$	如果 $A+B+C$ 大于层高,说明为全高加密。箍筋根数 $=(层高-100)/加密区间距+1$	$(A-50)/加密区间距+1$
搭接范围	$l_{lE}+0.3l_{lE}+l_{lE}$	加密	$B=2.3l_{lE}$		$B/加密区间距$
梁高范围及梁下部位	梁高$+\max(h_c, H_n/6, 500)$	加密	$C=梁高+\max(h_c, H_n/6, 500)$		$(C-50)/加密区间距+1$
非加密部位	剩余部分	非加密	$D=层高-(A+B+C)$		非加密区箍筋根数$=D/非加密间距-1$

注:梁部位上起步间距 50mm,梁下部位下起步间距 50mm。

顶层柱箍筋布置,如图 4-3-15 所示。

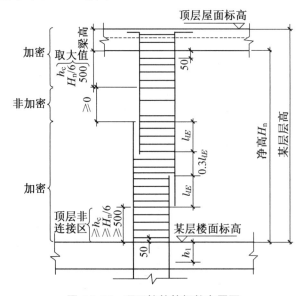

图 4-3-15　顶层柱箍筋根数布置图

顶层柱箍筋根数计算,见表 4-3-5。

表 4-3-5　顶层柱箍筋根数计算表(绑扎连接)

部位	范围	是否加密	加密长度	全高加密箍筋根数计算公式	非全高加密箍筋根数计算公式
顶层非连接区	$\max(h_c, H_n/6, 500)$	加密	$A=\max(h_c, H_n/6, 500)$	如果 $A+B+C$ 大于层高,说明为全高加密。箍筋根数 $=(层高-100)/加密区间距+1$	$(A-50)/加密区间距+1$
搭接范围	$l_{lE}+0.3l_{lE}+l_{lE}$	加密	$B=2.3l_{lE}$		$B/加密区间距$
梁高范围及梁下部位	梁高$+\max(h_c, H_n/6, 500)$	加密	$C=梁高-保护层+\max(h_c, H_n/6, 500)$		$(C-50)/加密区间距+1$
非加密部位	剩余部分	非加密	$D=层高-(A+B+C)$		非加密区箍筋根数$=D/非加密间距-1$

2）按纵筋机械连接情况计算箍筋的根数

① 基础层柱箍筋根数计算：基础层柱箍筋根数计算和绑扎连接相同。

② 楼层柱箍筋根数计算：

基础相邻层柱（或首层）箍筋布置，如图 4-3-16 所示。

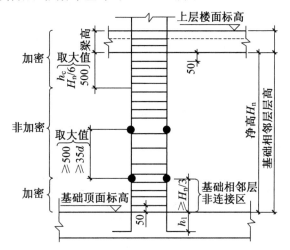

图 4-3-16　基础相邻层柱箍筋布置图（机械连接）

基础相邻层（或一层）柱箍筋根数计算，见表 4-3-6。

表 4-3-6　基础相邻层或首层柱箍筋根数计算表（机械连接）

序号	部位	是否加密	箍筋布置范围	计算公式
1	基础相邻层非连接区	加密区	$A = H_n/3$ $A = （层高-梁高）/3$	根数＝$（A-50）/$加密间距＋1
2	梁高范围及梁下部位	加密区	$B = 梁高 + \max（h_c, H_n/6, 500）$	根数＝$（B-50）/$加密间距＋1
3	中间部位	非加密区	$C = 层高-（A+B）$	根数＝$C/$非加密间距－1
总根数＝序号 1 根数＋序号 2 根数＋序号 3 根数				

中间层柱箍筋布置，如图 4-3-17 计算。

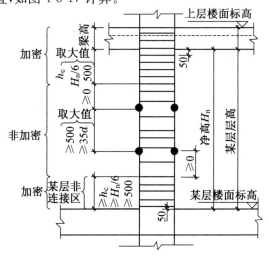

图 4-3-17　中间层柱箍筋根数布置图

中间层柱箍筋根数计算,见表 4-3-7。

表 4-3-7　中间层柱箍筋根数计算表(机械连接)

序号	部位	是否加密	箍筋布置范围	计算公式
1	中间层根部非连接区	加密区	$A = \max(h_c, H_n/6, 500)$取大值	根数=$(A-50)$/加密间距+1
2	梁高范围及梁下部位	加密区	$B = $梁高$+\max(h_c, H_n/6, 500)$	根数=$(B-50)$/加密间距+1
3	中间部位	非加密区	$C = $层高$-(A+B)$	根数=C/非加密间距-1
总根数=序号1根数+序号2根数+序号3根数				

顶层柱箍筋布置,如图 4-3-18 所示。

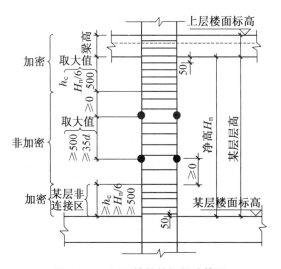

图 4-3-18　顶层柱箍筋根数计算图

顶层柱箍筋根数计算,见表 4-3-8。

表 4-3-8　顶层柱箍筋根数计算表(机械连接)

序号	部位	是否加密	箍筋布置范围	计算公式
1	顶层根部非连接区	加密区	$A = \max(h_c, h_n/6, 500)$	根数=$(A-50)$/加密间距+1
2	梁高范围及梁下部位	加密区	$B = $梁高$-$保护层$+\max(h_c, h_n/6, 500)$	根数=$(B-50)$/加密间距+1
3	中间部位	非加密区	$C = $层高$-(A+B)$	根数=C/非加密间距-1
总根数=序号1根数+序号2根数+序号3根数				

3) 纵筋焊接连接情况计算箍筋根数的方法与机械连接一致。

4.4　柱钢筋图示尺寸计算实例

【例4-4-1】　某框架柱的截面尺寸,如图 4-4-1 所示。已知,混凝土强度等级为 C30,一级抗震,基础底部的保护层为 40,柱的混凝土保护层为 20,钢筋连接采用电渣压力焊。与框架柱连接的独立基础底板底部布置钢筋有"X&Y 12@150"。试计算图中 KZ1 内钢筋的图示尺寸。

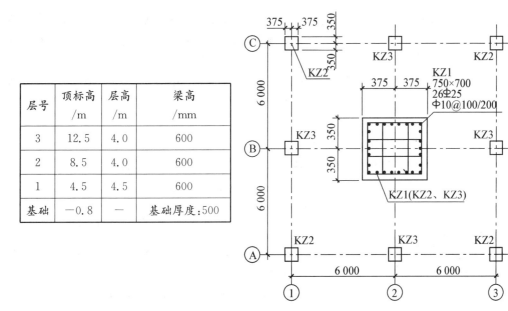

层号	顶标高 /m	层高 /m	梁高 /mm
3	12.5	4.0	600
2	8.5	4.0	600
1	4.5	4.5	600
基础	−0.8	—	基础厚度:500

图 4-4-1　KZ1(KZ2,KZ3)

解:1. 基础插筋图示长度计算:

查找 16G101-1 受拉钢筋抗震锚固长度 l_{aE} 表:$l_{aE}=33d=33\times25=825$ mm

基础厚度$=500$ mm$<1\,200$ mm,且 $h=500-40=460<l_{aE}$,因此,全部柱基础插筋需要伸至基础底部并弯折 $15d$。

(1) 柱基础插筋图示长度(低位)$=$弯折长度 $a(15d)+$基础内竖直长度 $h+$基础顶面非连接区高度 $H_n/3$

$$=15\times25+500-40+(4\,500+800-600)/3$$

$$=2\,402\text{ mm}$$

(2) 柱基础插筋图示长度(高位)$=$弯折长度 a $(15d)+$基础内竖直长度 $h+$基础顶面非连接区高度 $H_n/3+$相邻钢筋错开连接 $\max(500,35d)$

$$=15\times25+500-40+(4500+800-600)/3+\max(500,35\times25)$$

$$=3\,277\text{ mm}$$

2. 首层纵筋图示长度计算：

$H_n/3 = (4\,500 + 800 - 600)/3 = 1\,567$ mm

$\max(H_n/6, h_c, 500) = \max[(4\,500 + 800 - 600)/6, 750, 500] = 783$ mm

$\max(35d, 500) = 35 \times 25 = 875$ mm

（1）首层柱纵筋图示长度（低位）＝首层层高＋基础顶到地面（±0.00 处）高－伸出基础非连接区高度 $H_n/3$＋伸入上层非连接区高度 $\max(H_n/6, h_c, 500)$

$= 4\,500 + 800 - 1\,567 + 783$

$= 4\,516$ mm

（2）首层柱纵筋图示长度（高位）＝首层层高＋基础顶到地面（±0.00 处）高－伸出基础非连接区高度－柱插筋错开长度＋伸入上层非连接区高度＋本层错开长度

$= 4\,500 + 800 - 1\,567 - \max(35 \times 25, 500) + 783 + \max(35 \times 25, 500)$

$= 4\,516$ mm

3. 二层纵筋图示长度计算：

二层柱筋图示长度（低位）＝本层层高－本层非连接区高度 $\max(H_n/6, h_c, 500)$＋伸入上层非连接区高度 $\max(H_n/6, h_c, 500)$

$= 4\,000 - 750 + 750$

$= 4\,000$ mm

二层柱筋图示长度（高位）＝本层层高－本层非连接区高度－错开连接高度＋伸入上层非连接区高度＋错开连接高度

$= 4\,000 - 750 - \max(35 \times 25, 500) + 750 + \max(35 \times 25, 500)$

$= 4\,000$ mm

4. 三层（顶层）纵筋图示长度计算：

$\max(H_n/6, h_c, 500) = \max[(4\,000 - 600)/6, 500, 750] = 750$ mm

根据图可知，需计算的 KZ1 为中柱。

屋面框架梁高 $600 - 20 = 580 < l_{aE} = 33 \times 25 = 825$，因此，柱顶纵筋伸至顶部混凝土保护层位置，弯折 $12d$。

（1）三层纵筋图示长度（低位）＝顶层层高－顶层非连接区长度 $\max(H_n/6, h_c, 500)$－保护层＋$12d$

$= 4\,000 - 750 - 20 + 12 \times 25$

$= 3\,530$ mm

（2）三层纵筋图示长度（高位）＝顶层层高－顶层非连接区长度 $\max(H_n/6, h_c, 500)$－错开连接长度 $\max(35d, 500)$－保护层＋$12d$

$= 4\,000 - 750 - 875 - 20 + 12 \times 25$

$= 2\,655$ mm

5. 基础层箍筋计算：

箍筋图示长度＝$2 \times (750 + 700) - 8 \times 20 + 2 \times 11.9 \times 10$

＝2 978 mm

根数＝(基础高度－基础保护层－100)/间距＋1＝1.72

因此,基础层箍筋根数＝2 根

6. 一、二、三层箍筋计算:

(1) 箍筋图示长度:

外箍图示长度＝2×(750＋700)－8×20＋2×11.9×10＝2978 mm

竖向内箍 b 边对应长度＝(750－2×20－2×10－25)/7×3＋25＋2×10＝330 mm

竖向内箍图示长度＝2×[330＋(700－2×20)]＋2×11.9×10＝2 218 mm

横向内箍 h 边对应长度＝(700－2×20－2×10－25)/3＋25＋2×10＝250 mm

横向内箍图示长度＝2×[250＋(750－2×20)]＋2×11.9×10＝2 158 mm

(2) 首层箍筋根数计算:

$H_n/3$＝(4 500＋800－600)/3＝1 567 mm

$\max(H_n/6, h_c, 500)$＝max[(5 300－600)/6,500,750]＝783 mm

上部加密区箍筋根数＝(600＋783－50)/100＋1＝15 根

下部加密箍筋根数＝(1 567－50)/100＋1＝17 根

中间非加密区箍筋根数＝(4 500＋800－600－783－1 567)/200－1＝11 根

首层箍筋总根数＝15＋17＋11＝43 根

(3) 二层箍筋根数计算:

$\max(H_n/6, h_c, 500)$＝max[(4 000－600)/6,500,750]＝750 mm

上部加密区箍筋根数＝(600＋750－50)/100＋1＝14 根

下部加密箍筋根数＝(750－50)/100＋1＝8 根

中间非加密区箍筋根数＝(4 000－600－750－750)/200－1＝9 根

二层箍筋总根数＝14＋8＋9＝31 根

(4) 三层箍筋根数计算:

$\max(H_n/6, h_c, 500)$＝max[(4 000－600)/6,500,750]＝750 mm

上部加密区箍筋根数＝(600＋750－50－20)/100＋1＝14 根

下部加密箍筋根数＝(750－50)/100＋1＝8 根

中间非加密区箍筋根数＝(4 000－600－750－750)/200－1＝9 根

三层箍筋总根数＝14＋8＋9＝31 根

箍筋图示总根数＝第一层箍筋根数＋二三层箍筋根数＝43＋31＋31＝105 根

4.5　柱钢筋下料长度计算与翻样实例

柱钢筋的下料长度是计算钢筋的中心线长度,需要通过弯曲调整值计算。具体钢筋弯曲量度差值参见第 1 章。

4.5.1　框架柱钢筋下料长度计算(以焊接连接为例)

柱钢筋下料,除了需要调整钢筋弯曲量度差值,计算时也需要注意长短之分以及各构件钢筋之间的避让问题。

1. 柱基础插筋下料长度计算

当符合下列两个条件之一:柱为轴心受压或小偏心受压,基础高度或基础顶面至中间层钢筋网片顶面距离不小于 1 200;柱为大偏心受压,基础高度或基础顶面至中间层钢筋网片顶面距离不小于 1 400,此时,框架柱基础中部插筋不弯折,基础内竖直长度为 l_{aE},其下料长度:

(1) $L_低$ = 基础内竖直长度为 l_{aE} + 柱净高/3

(2) $L_高$ = 基础内竖直长度为 l_{aE} + 柱净高/3 + max(35d,500 mm)

柱四角插筋以及不符合上列条件的柱基础插筋下料长度:

(1) $L_低$ = 弯折长度 a + 基础内竖直长度 h + 柱净高/3 − 基础底板 X 筋直径 − 基础底板 Y 筋直径 − 1 个 90°量度差值

(2) $L_高$ = 弯折长度 a + 基础内竖直长度 h + 柱净高/3 + max(35d,500 mm) − 基础底板 X 筋直径 − 基础底板 Y 筋直径 − 1 个 90°量度差值

2. 首层柱纵筋下料长度计算

$L_低$ = $L_高$ = 首层层高 + 基础顶到地面(±0.00 处)高 − 首层柱净高/3 + max(二层柱净高/6,柱长边尺寸,500)

3. 中间层柱纵筋下料长度计算

$L_低$ = $L_高$ = 层高 − 本层非连接区长度 + 伸入上层非连接区长度

其中:本层非连接区长度和伸入上层的非连接区高度 = max(H_n/6,500,h_c),H_n 为柱纵筋所在结构层层高

4. 顶层柱纵筋下料长度计算

(1) 顶层中柱纵筋下料长度计算:

1) 当不能满足直锚情况时(图 4-3-4 中(a),(b))

① $L_低$ = 顶层层高 − 梁高 − 顶层非连接区长度 + 梁高 − 保护层 + 12d − 1 个 90°量度差值

② $L_高$ = 顶层层高 − 梁高 − 顶层非连接区长度 − 错开连接长度 + 梁高 − 保护层 + 12d − 1 个 90°量度差值

2) 当能满足直锚情况时(图 4-3-4 中(c),(d))

① $L_低$ = 顶层层高 − 顶层非连接区长度 − 保护层;

② $L_高$ = 顶层层高 − 顶层非连接区长度 − 保护层 − 错开连接长度

(2) 顶层边柱和角柱纵筋下料长度计算:

顶层边柱和角柱的内侧钢筋下料长度计算同顶层中柱纵筋下料长度计算,顶层边柱和角柱的外侧钢筋下料长度计算如下:

① $L_低$ = 顶层层高 − 梁高 − 下部非连接区长度 + 伸入梁板内长度 − (1 或 2 个 90°量度差值)

② $L_高$ = 顶层层高 − 梁高 − 下部非连接区长度 − 错开连接长度 + 伸入梁板内长度 − (1 或 2 个 90°量度差值)

若柱纵向钢筋搭接接头沿节点外侧直线布置(图 4-3-7 e 节点),上述公式不用扣除 90°量度差值;若柱外侧钢筋伸至柱顶后向梁板内弯折即有一处弯折(图 4-3-7 a,b,c 节点),上

述公式选择 1 个 90°量度差值；若柱外侧钢筋伸至柱顶再伸至柱内边向下弯折即有两处弯折（图 4-3-7 d 节点的柱顶第一层钢筋），上述公式选择 2 个 90°量度差值。

从以上公式可以看出，框架柱纵筋下料公式同纵筋计算公式基本一致，但有弯折的地方须调整钢筋弯曲量度差值，同时，需要考虑混凝土构件钢筋之间的关联性，当柱插筋插入基础底板钢筋上再弯折时，计算柱插筋的下料长度应在图示长度的基础上，减去基础底板钢筋直径。

5. 箍筋下料长度计算

抗震要求的箍筋弯钩角度为 135°，弯钩平直段长度大于 10d 且不少于 75 mm。非抗震箍筋的弯钩角度为 90°，弯钩长度为 5d。

箍筋弯钩下料长度就是箍筋中心线长度，经计算箍筋 135°弯钩下料长度 max(10d,75)＋1.9d，即由钢筋中心线推导的，已考虑了钢筋弯曲延伸值，因此，在计算箍筋下料长度时只需减去其他 3 个直角弯曲调整值。

矩形箍筋下料长度＝（柱截面宽＋柱截面高）×2－8×保护层厚度＋2×弯钩长度－3 个 90°量度差值

4.5.2　框架柱钢筋下料长度计算与翻样实例

【例 4-5-1】　试根据【例 4-4-1】中 KZ1 内的钢筋图示尺寸计算长度，计算 KZ1 中钢筋的下料长度并翻样。

解：1. 基础插筋下料长度计算

(1) $L_{低}$＝弯折长度 a＋基础内竖直长度－基础底板 X 筋直径－基础底板 Y 筋直径＋伸出基础非连接区高度 H_n/3－1 个 90°量度差值

　　＝基础插筋图示长度（低位）－X 筋直径－Y 筋直径－1 个 90°量度差值

　　＝2 402－12－12－2.08d

　　＝2 402－12－12－2.08×25＝2 326 mm

(2) $L_{高}$＝弯折长度 a＋基础内竖直长度－基础底板 X 筋直径－基础底板 Y 筋直径＋伸出基础非连接区高度＋错开连接高度－1 个 90°量度差值

　　＝基础插筋图示长度（高位）－X 筋直径－Y 筋直径－1 个 90°量度差值

　　＝3 277－12－12－2.08×25＝3 201 mm

2. 首层纵筋下料长度计算：

(1) $L_{低}$＝首层柱纵筋图示长度＝4 483 mm

(2) $L_{高}$＝首层柱纵筋图示长度＝4 483 mm

3. 二层纵筋下料长度计算：

$L_{低}$＝$L_{高}$＝二层纵筋图示长度＝4 000 mm

4. 三层（顶层）纵筋下料长度计算：

(1) $L_{低}$＝顶层层高－顶层非连接区长度－保护层厚度＋12d－1 个 90°量度差值

　　＝三层纵筋图示长度（低位）－1 个 90°量度差值

　　＝3 530－2.08×25＝3 478 mm

(2) $L_{高}$＝顶层层高－顶层非连接区长度－错开连接长度－保护层厚度＋12d－1 个 90°量度差值

＝三层纵筋图示长度(高位)－1个90°量度差值

＝2 655－2.08×25＝2 603 mm

5. 箍筋下料长度计算：

(1) 基础层箍筋下料长度

箍筋下料长度＝2 978－3×1.751×10＝2 925 mm

(2) 一、二、三层箍筋下料长度计算：

外箍下料长度＝2 978－3×1.751×10＝2 925 mm

竖向内箍下料长度＝2 218－3×1.751×10＝2 165 mm

横向内箍下料长度＝2 158－3×1.751×10＝2 105 mm

(3) 基础层箍筋根数＝2 根

(4) 第一、二、三层箍筋根数＝43＋31＋31＝105 根

6. KZ1 钢筋配料单见表 4-5-1 所示。

表 4-5-1　KZ1 钢筋配料单

序号	构件	所在位置	形状	钢号	钢筋直径(mm)	单根下料长度(mm)	总根数(根)	总长(m)	总重量(kg)
1		基础插筋(低位)	2 003 / 375	Φ	25	2 326	13	30.24	123.98
2		基础插筋(高位)	2 878 / 375	Φ	25	3 201	13	41.61	170.60
3		一层纵筋(低位)	4 483	Φ	25	4 483	13	58.28	238.95
4	KZ1	一层纵筋(高位)	4 483	Φ	25	4 483	13	58.28	238.95
5		二层纵筋(低位)	4 000	Φ	25	4 000	13	52.00	213.20
6		二层纵筋(高位)	4 000	Φ	25	4 000	13	52.00	213.20
7		三层纵筋(低位)	300 / 3 230	Φ	25	3 478	13	45.21	185.36

序号	构件	所在位置	形状	钢号	钢筋直径 (mm)	单根下料 长度(mm)	总根数 (根)	总长 (m)	总重量 (kg)
8		三层纵筋 (高位)	300 2 355	Φ	25	2 603	13	33.84	138.74
		基础 内箍筋	710 660	Φ	10	2 925	2	5.85	3.61
9		一层外箍	710 660	Φ	10	2 925	43	125.78	77.61
10		一层竖向 内箍	660 330	Φ	10	2 165	43	93.10	57.44
11		一层横向 内箍	710 250	Φ	10	2 105	43	90.52	55.85
12	KZ1	二层外箍	710 660	Φ	10	2 925	31	90.68	55.95
13		二层竖向 内箍	660 330	Φ	10	2 165	31	67.12	41.41
14		二层横向 内箍	710 250	Φ	10	2 105	31	65.26	40.27
15		三层外箍	710 660	Φ	10	2 925	31	90.68	55.95
16		三层竖向 内箍	660 330	Φ	10	2 165	31	67.12	41.41
17		三层横向 内箍	710 250	Φ	10	2 105	31	65.26	40.27
合计			Φ25:1 522.98 kg,Φ10:469.77 kg						

技能训练　框架柱钢筋的下料长度计算与翻样

1. 训练目的

通过框架结构混凝土柱钢筋计算与翻样练习,熟悉结构施工图,能正确计算柱钢筋的图示长度和下料长度,编制柱钢筋配料单,并加工制作柱钢筋。

2. 项目任务

根据给定某房屋框架结构平面图和结构布置图,完成下列任务:

（1）计算柱中钢筋的长度;

（2）编制钢筋配料单,并制作安装柱钢筋。

3. 项目背景

某钢筋混凝土框架结构楼抗震等级为三级,混凝土的强度等级为 C30,柱钢筋的混凝土保护层厚度为 30 mm,基础保护层为 50 mm,基础底标高为－2.35 m,基础梁和框架梁的高度为 700 mm,均采用电焊连接,与框架柱连接的独立基础底板底部布置钢筋有"X&Y 12@150"。其框架柱 KZ2 的截面尺寸和配筋,如图 4-6-1,求相应的钢筋预算长度与下料长度。

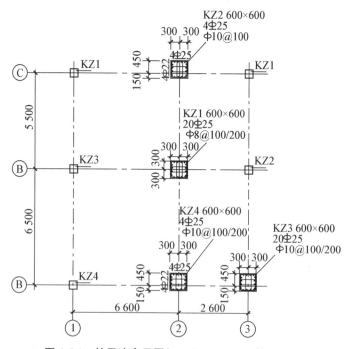

图 4-6-1　柱平法表示图(－2.55～3.95 m 柱平面图)

表 4-6-1 结构层高表

层次	结构底标高/m	层高/m
	11.95(顶标高)	
3 层	7.95	4
2 层	3.95	4
1 层	−0.05	4
基础层	−2.55	2.5

表 4-6-2 柱表(KZ2)

柱高	$b \times h$ /mm	b_1 /mm	b_2 /mm	h_1 /mm	h_2 /mm	全部纵筋	角筋	b 边筋	h 边筋	箍筋类型	箍筋
— 2.55~3.95	600×600	300	300	150	450		4Φ25	4Φ25	4Φ22	4×4	Φ10@100/200
3.95~7.95	550×600	275	275	150	450		4Φ25	3Φ25	4Φ22	4×4	Φ10@100/200
7.95~11.95	550×550	275	275	150	400		4Φ25	3Φ22	4Φ22	4×4	Φ10@100

4. 项目实施

(1) 将学生分成 5 人一组;

(2) 根据施工图设计文件和 16G101-1、16G101-3 图集,识读柱钢筋图纸,计算柱中钢筋的图示长度和下料长度,编制钢筋配料单。

(3) 加工制作柱钢筋。

5. 训练要求

(1) 加工钢筋时严格按照操作规程,注意安全。

(2) 学生应在教师指导下,独立认真地完成各项内容。

(3) 钢筋计算应正确,完整,无丢落、重复现象。

(4) 提交统一规定的钢筋下料单。

第 5 章　楼梯钢筋计算与翻样

学习目的:1. 了解楼梯的分类,楼梯钢筋的类型;

2. 掌握楼梯集中标注、原位标注平法识图;

3. 能识读楼梯的平法施工图;

4. 掌握楼梯钢筋的构造与图示尺寸的计算;

5. 能进行楼梯钢筋下料长度的计算与翻样。

教学时间:10 学时

教学过程/教学内容/参考学时:

教学过程	教学内容	参考学时
5.1　楼梯钢筋基础知识	板式楼梯类型	2
	板式楼梯的组成	
	板式楼梯中钢筋的类型	
5.2　板式楼梯钢筋平法识图	平面注写方式	2
	剖面注写方式	
	列表注写方式	
5.3　板式楼梯钢筋配筋构造及图示长度计算	梯板低端钢筋配筋构造	4
	梯板高端钢筋配筋构造	
	楼梯楼层、层间平板钢筋排布构造	
	楼梯梯板钢筋图示长度计算	
5.4　楼梯梯板钢筋图示长度计算实例	梯板下部纵筋图示长度计算	1
	梯板上部纵筋图示长度计算	
	梯板下部纵筋的分布筋图示长度计算	
	梯板上部纵筋的分布筋图示长度计算	
5.5　楼梯梯板钢筋下料长度计算实例	实例计算	1
共计		10

5.1　楼梯基础知识

　　楼梯是多层建筑垂直运输的主要方式,用于楼层之间和楼层高差较大时的交通联系。高层建筑采用电梯作为主要垂直交通工具,楼梯主要供应急疏散逃生备用。常见的现浇混凝土楼梯主要分为板式楼梯、梁式楼梯、悬挑式楼梯和螺旋式楼梯等,如图5-1-1 所示。

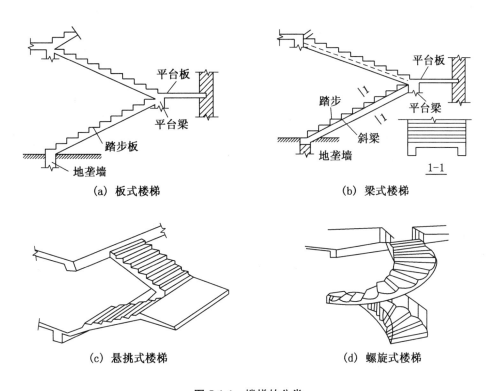

图 5-1-1　楼梯的分类

16G101-2 标准图集只适用于现浇混凝土板式楼梯,所以本教材主要讲解板式楼梯。

5.1.1　板式楼梯类型

板式楼梯类型主要分为 12 种,其代号与适用范围如表 5-1-1 所示。

表 5-1-1　板式楼梯代号与适用范围

梯板代号	适用范围		是否参与结构整体抗震计算	包括构件	备注
	抗震构造措施	适用结构			
AT	无	剪力墙、砌体结构	不参与	踏步段	一跑
BT			不参与	低端平板、踏步段	
CT	无	剪力墙、砌体结构	不参与	踏步段、高端平板	
DT			不参与	低端平板、踏步段、高端平板	
ET	无	剪力墙、砌体结构	不参与	低端踏步段、中位平板、高端踏步段	两跑
FT			不参与	层间平板、踏步段、楼层平板	
GT	无	剪力墙、砌体结构	不参与	层间平板、踏步段、楼层平板	
ATa			不参与	踏步段	一跑
ATb	有	框架结构、框剪结构中框架部分	不参与	踏步段	
ATc			不参与	踏步段	
CTa	有	框架结构、框剪结构中框架部分	不参与	踏步段、高端平板	
CTb			不参与	踏步段、高端平板	

（1）AT~ET 型板式楼梯代号代表一段带上下支座的梯板。梯板主体为踏步段，除踏步段之外，梯板还包括低端平板、高端平板以及中位平板。

① AT 型梯板全部由踏步段构成，如图 5-1-2(a)所示。

② BT 型梯板由低端平板和踏步段构成，如图 5-1-2(b)所示。

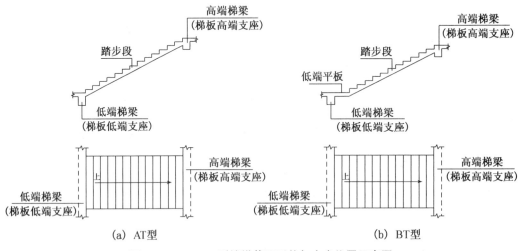

(a) AT 型　　　　　　　　　(b) BT 型

图 5-1-2　AT、BT 型楼梯截面形状与支座位置示意图

③ CT 型梯板由踏步段和高端平板构成，如图 5-1-3(a)所示。

④ DT 型梯板由低端平板、踏步板和高端平板构成，如图 5-1-3(b)所示。

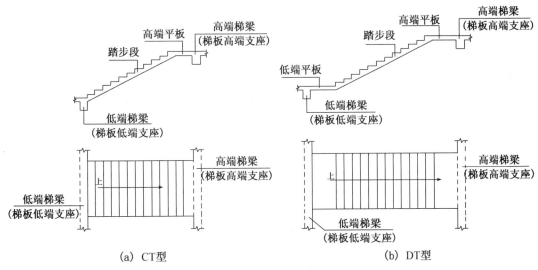

(a) CT型　　　　　　　　　(b) DT型

图 5-1-3　CT、DT 型楼梯截面形状与支座位置示意图

⑤ ET 型梯板由低端踏步板、中位平板和高端踏步段构成,如图 5-1-4 所示。

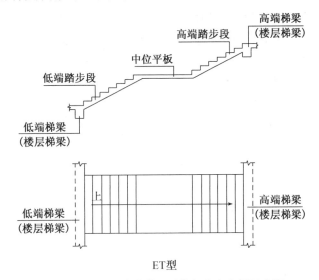

ET型

图 5-1-4　ET 型楼梯截面形状与支座位置示意图

(2) FT、GT 每个代号代表两跑踏步段和连接它们的楼层平板及层间平板。FT、GT 型梯板的构成分两类:

① 第一类:FT 型,由层间板、踏步段和楼层平板构成,如图 5-1-5(a)所示。梯板一端的层间平板采用三边支承,另一端的楼层平板也采用三边支承。

② 第二类:GT 型,由层间板和踏步段构成,如图 5-1-5(b)所示。梯板一端的层间平板采用三边支承,另一端的梯板段采用单边支承(在梯梁上)。

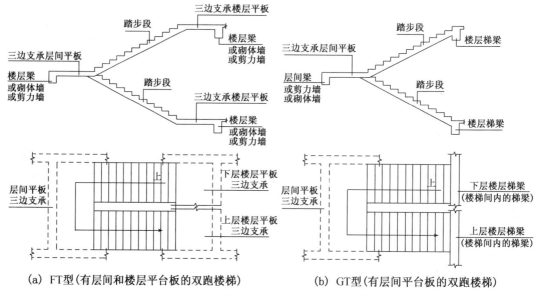

(a) FT型(有层间和楼层平台板的双跑楼梯)　　　(b) GT型(有层间平台板的双跑楼梯)

图 5-1-5　FT、GT 型楼梯截面形状与支座位置示意图

（3）ATa、ATb 型为带滑动支座的板式楼梯,梯板全部由踏步段构成,其支承方式为梯板高端均支承在梯梁上,ATa 型梯板低端带滑动支座支承在梯梁上,如图 5-1-5(a)所示;ATb 型梯板低端带滑动支座支承在挑板上,如图 5-1-5(b)所示。

① 滑动支座做法见图集 16G101－2 第 41、43 页,采用何种做法应由设计方指定。

② ATa、ATb 型梯板采用双层双向配筋。

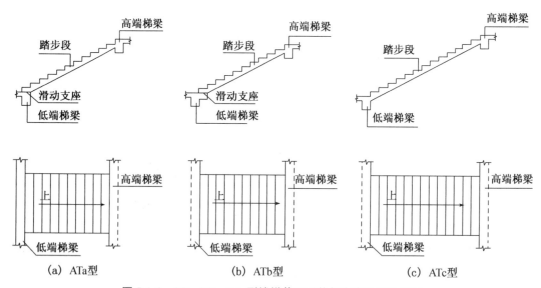

(a) ATa型　　　　　　　(b) ATb型　　　　　　　(c) ATc型

图 5-1-6　ATa、ATb、ATc 型楼梯截面形状与支座位置示意图

（4）ATc 型板式楼梯梯板全部由踏步段构成,其支承方式为梯板两端均支承在梯梁上,如图 5-1-5(c)所示。

① 楼梯休息平台与主体结构可连接,也可脱开,见图集 16G101－2 第 45 页。

② 梯板厚度应按计算确定,且不宜小于 140 mm;梯板采用双层配筋。

③ 梯板两侧设置边缘构件(暗梁),边缘构件的宽度取 1.5 倍板厚,边缘构件纵筋数量,当抗震等级为一、二级时不少于 5 根,当抗震等级为三、四级时不少于 4 根;纵筋直径不小于Φ12 且不小于梯板纵向受力钢筋的直径;箍筋直径不小于Φ6,间距不大于 200 mm。

④ 平台板按双层双向配筋。

⑤ ATc 型楼梯作为斜撑构件,钢筋均采用符合抗震性能要求的热轧钢筋,钢筋的抗拉强度实测值与屈服强度实测值的比值不应小于 1.25;钢筋的屈服强度实测值与屈服强度标准值的比值不应大于 1.3,且钢筋在最大拉力下的总伸长率实测值不应小于 9%。

(5) CTa、CTb 型板式楼梯为带滑动支座的板式楼梯,梯板由踏步段和高端平板构成,其支承方式为梯板高端均支承在梯梁上。CTa 型梯板低端带滑动支座支承在梯梁上,如图 5-1-17(a)所示;CTb 型梯板低端带滑动支座支承在挑板上,如图 5-1-7(b)所示。

① 滑动支座做法见图集 16G101－2 第 41、43 页,采用何种做法应由设计指定。

② CTa、CTb 型梯板采用双层双向配筋。

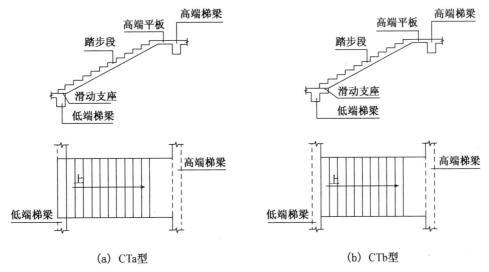

(a) CTa型　　　　　　　　　　　　　　(b) CTb型

图 5-1-7　CTa、CTb 型楼梯截面形状与支座位置示意图

(6) 梯梁支承在梯柱上时,其构造应符合 16G101－1 中框架梁 KL 的构造做法,箍筋宜全长加密。

5.1.2　板式楼梯的组成

板式楼梯一般由踏步段、层间平板、层间梯梁、楼层梯梁和楼层平板等组成,如图 5-1-8所示。

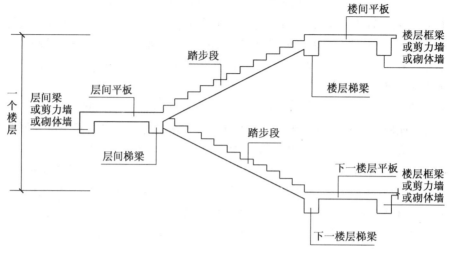

图 5-1-8　板式楼梯的组成

5.1.3　板式楼梯中钢筋的类型

楼梯钢筋主要有受力筋、受力筋分布筋、支座负筋(高端支座、低端支座)、负筋分布筋等,其配置如图 5-1-9 所示。

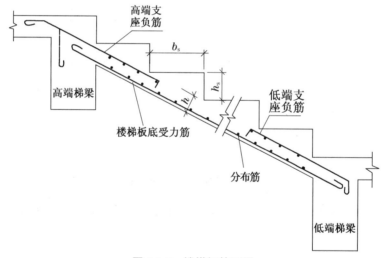

图 5-1-9　楼梯钢筋配置

5.2　板式楼梯钢筋平法识图

现浇混凝土板式楼梯的平法施工图有平面注写方式、剖面注写方式和列表注写方式。本部分主要表述梯板的表达方式,与楼梯相关的平台板、梯梁、梯柱的注写方式参见图集 16G101 - 1。

5.2.1　平面注写方式

指在楼梯平面布置图上注写截面尺寸和配筋具体数值的方式来表达楼梯施工图。包括:集中标注和外围标注。

集中标注:表达梯板的类型代号及序号、梯板的竖向几何尺寸和配筋。

外围标注:表达梯板的平面几何尺寸和楼梯间的平面尺寸。

1. 集中标注

楼梯的集中标注主要表达梯板的类型代号与序号、梯板的竖向几何尺寸和配筋等 5 项内容,如图 5-2-1 所示。具体规定如下:

(1) 梯板类型代号与序号,如 AT××。

(2) 梯板厚度,注写为 $h=\times\times\times$。当为带平板的梯板且梯段板厚和平板厚度不同时,可在梯段板厚度后面括号内以字母 P 打头注写平板厚度。

如:$h=130(P150)$,130 表示梯段板厚度,150 表示梯板平板段的厚度。

(3) 踏步段总高度 H_s 和踏步级数 $(m+1)$,之间以"/"分隔。

(4) 梯板支座上部纵筋、下部纵筋,之间以";"分隔。

(5) 梯板分布筋,以 F 打头注写分布钢筋具体值,该项也可在图中统一说明。

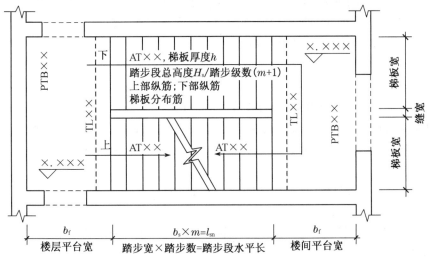

图 5-2-1　板式楼梯注写方式

【例 5-2-1】 识读图 5-2-2 中楼梯的标注内容。

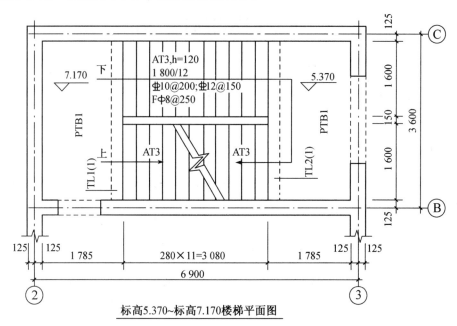

标高5.370~标高7.170楼梯平面图

图 5-2-2　楼梯 AT3 平面图

解:(1) AT3 表示:编号为 3 的 AT 型楼梯,梯板厚度 $h=120$ mm;

(2) 1 800/12 表示:楼梯踏步段总高度 $H_s=1\,800$ mm,踏步级数$(m+1)=12$ 级;

(3) ☲10@200 表示:上部纵筋;☲12@150 表示:下部纵筋;

(4) F☲8@250 表示:梯板分布筋。

2. 外围注写

板式楼梯的外围注写内容,包括楼梯间的平面尺寸、楼层结构标高、层间结构标高、楼梯的上下方向、梯板的平面几何尺寸、平台板配筋、梯梁及梯柱配筋等。

【例 5-2-2】 识读图 5-2-3 中楼梯的标注内容。

解:此平法施工图中有两种楼梯类型,分别是 AT1 和 BT1,其注写内容如下:

(1) AT1 楼梯:

编号为 1 号的 AT 型楼梯,梯板厚度 $h=130$ mm;

踏步段总高度 $H_s=2\,100$ mm,踏步高度:2 100/14 $=150$ mm;踏步数:14 步;

梯板配筋:上部纵筋☲10@200,下部纵筋☲12@150,梯板分布筋☲8@250。

(2) BT1 楼梯:

编号为 1 号的 BT 型楼梯,梯板厚度 $h=130$ mm;

踏步段总高度 $H_s=1\,650$ mm,踏步高度:150 mm;踏步数:11 步;

梯板配筋:上部纵筋☲10@200,下部纵筋☲12@150,梯板分布筋☲8@200。

(3) PTB1:楼梯平台板。

(4) TL1(1):梯板梯梁。

(5) PTL1(1):平台板梯梁。

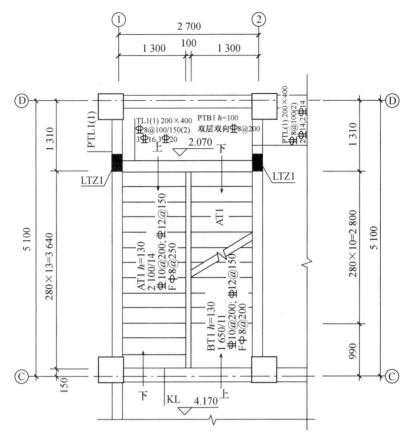

图 5-2-3　楼梯 2.070~4.170 平面图

5.2.2　剖面注写方式

楼梯的剖面注写方式就是在楼梯平法施工图中绘制楼梯平面布置图和楼梯剖面布置图,注写方式分为平面注写、剖面注写两部分,如图 5-2-4 所示。

(1)楼梯平面布置图注写内容,包括楼梯间的平面尺寸、楼层结构标高、层间结构标高、楼梯的上下方向、梯板的平面几何尺寸、梯板类型及编号、平台板配筋、梯梁及梯柱配筋等,如图 5-2-4 所示。

(2)楼梯剖面图注写内容,包括梯板集中标注、梯梁梯柱编号、梯板水平与竖向尺寸、楼层结构标高、层间结构标高等,如图 5-2-5 所示。

(3)梯板集中标注的内容有四项,具体规定如下:

① 梯板类型及编号,如 AT××。

② 梯板厚度,注写为 $h=×××$。当梯板由踏步段和平板构成,且踏步段梯板厚度和平板厚度不同时,可在梯板厚度后面括号内以字母 P 打头注写平板厚度。

如: $h=130(P150)$,130 表示梯段板厚度,150 表示梯板平板段的厚度。

③ 梯板配筋。注明梯板上部纵筋、下部纵筋,用分号";"将上部与下部纵筋的配筋值分隔开来。

④ 梯板分布筋,以 F 打头注写分布钢筋具体值,该项也可在图中统一说明。

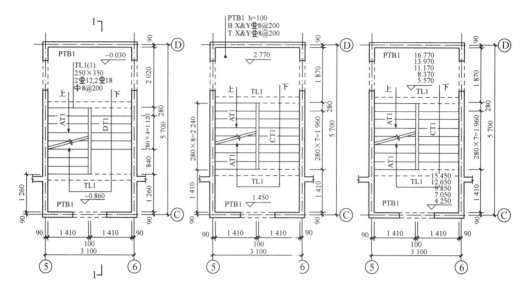

标高−0.860~标高−0.030楼梯平面图　标高1.450~标高2.770楼梯平面图　　标准层楼梯平面图

图 5-2-4　楼梯施工图剖面注写示例(平面图)

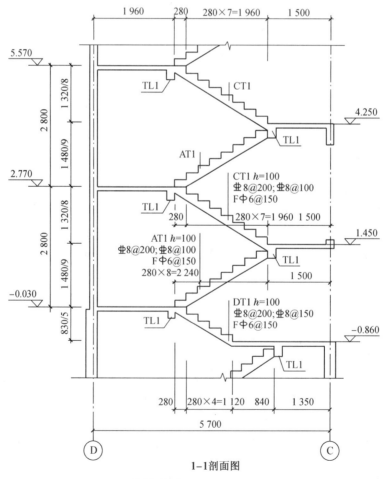

1−1剖面图

图 5-2-5　楼梯施工图剖面注写示例(剖面图)

5.2.3　列表注写方式

楼梯的列表注写方式,是用列表方式注写梯板截面尺寸和配筋具体数值的方式来表达楼梯施工图。列表注写方式的具体要求同剖面注写方式,可以参照图 5-2-5,仅将剖面注写方式中的梯板集中标注的内容改为列表注写项即可,如表 5-2-1 所示。

表 5-2-1　楼梯列表注写内容

梯板编号	踏步段总高度/踏步级数	板厚 h	上部纵向钢筋	下部纵向钢筋	分布筋
AT1	1 480/9	100	⊈ 8@200	⊈ 8@100	Φ 6@150
CT1	1 320/8	100	⊈ 8@200	⊈ 8@100	Φ 6@150
DT1	830/5	100	⊈ 8@200	⊈ 8@150	Φ 6@150

5.3　板式楼梯钢筋排布构造及图示长度计算

(1)当梯板采用 HPB300 光面钢筋时,除梯板上部纵筋的跨内端头做 90°直角弯钩外,所有末端应做 180°的弯钩。

(2)楼梯钢筋一般不做搭接,若必须连接,可以采用机械连接或焊接连接。

(3)上部纵筋锚固长度 $0.35l_{ab}$($0.6l_{ab}$)表示:$0.35l_{ab}$ 用于设计按铰接的情况,括号内数据 $0.6l_{ab}$ 用于设计考虑充分发挥钢筋抗拉强度的情况,具体工程设计中应指明采用何种情况。

(4)梯板、平板上部纵筋需伸至支座对边再向下弯折。

(5)梯板上部纵筋有条件时可直接伸入平板内锚固,从支座内边算起总锚固长度不小于 l_a。

5.3.1　梯板低端钢筋排布构造

(1)无低端平板(AT、CT、ET、GT 型楼梯)梯板低端钢筋构造,如图 5-3-1 所示。

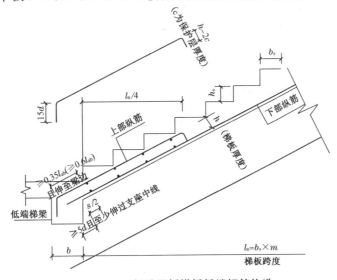

图 5-3-1　无低端平板梯板低端钢筋构造

（2）有低端平板（BT、DT 型楼梯）梯板低端钢筋构造，如图 5-3-2 所示。

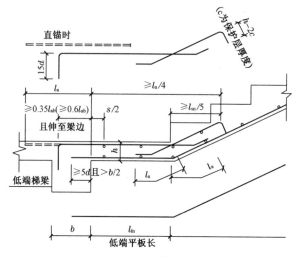

图 5-3-2　有低端平板梯板低端钢筋构造

（3）有低端楼层平板（FT、GT 型楼梯）梯板低端钢筋构造，如图 5-3-3 所示。

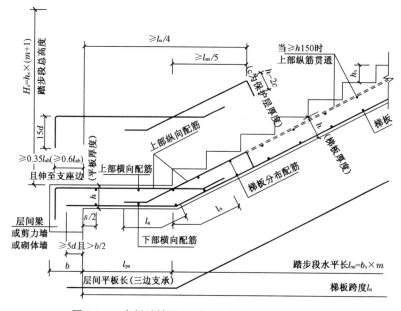

图 5-3-3　有低端楼层（层间）平板梯板低端钢筋构造

（4）有滑动支座（ATa、ATb、CTa、CTb 型楼梯）梯板低端钢筋构造，如图 5-3-4 所示。

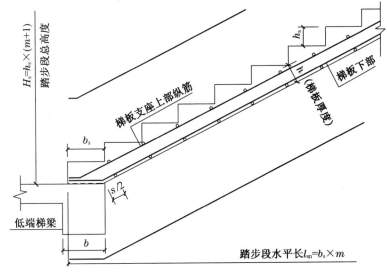

图 5-3-4　有滑动支座梯板低端钢筋构造

（5）参与抗震（ATc 型楼梯）梯板低端钢筋构造，如图 5-3-5 所示。

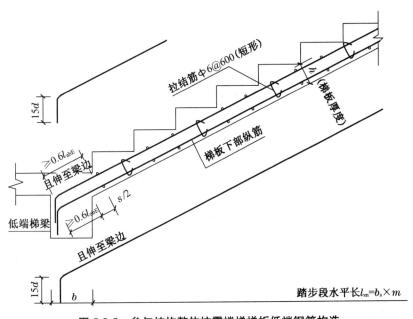

图 5-3-5　参与结构整体抗震楼梯梯板低端钢筋构造

（6）低端梯梁节点处钢筋排布构造，如图 5-3-6 所示。

（7）各型楼梯第一跑与基础连接构造，如图 5-3-7 所示。

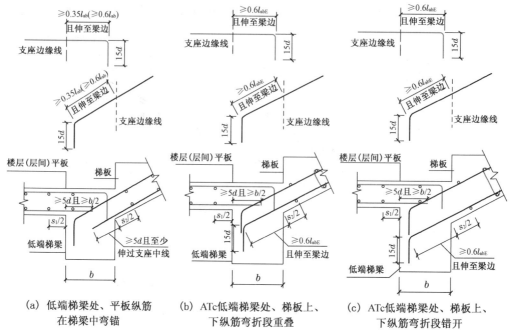

(a) 低端梯梁处、平板纵筋　　(b) ATc低端梯梁处、梯板上、　　(c) ATc低端梯梁处、梯板上、
　　在梯梁中弯锚　　　　　　　　下纵筋弯折段重叠　　　　　　　下纵筋弯折段错开

图 5-3-6　低端梯梁处纵向钢筋弯锚与弯折情况

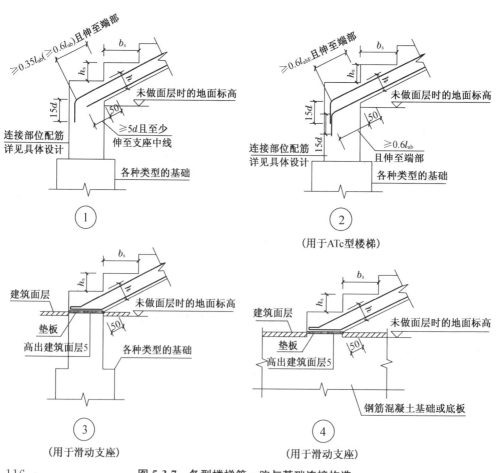

①

②

（用于ATc型楼梯）

③

（用于滑动支座）

④

（用于滑动支座）

图 5-3-7　各型楼梯第一跑与基础连接构造

5.3.2 梯板高端钢筋排布构造

（1）无高端平板（AT、BT、ET、GT 型楼梯）梯板高端钢筋构造，如图 5-3-8 所示。

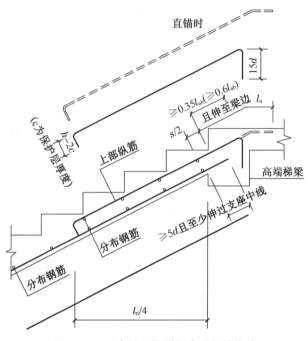

图 5-3-8 无高端平板梯板高端钢筋构造

（2）有高端平板（CT、DT 型楼梯）梯板高端钢筋构造，如图 5-3-9 所示。

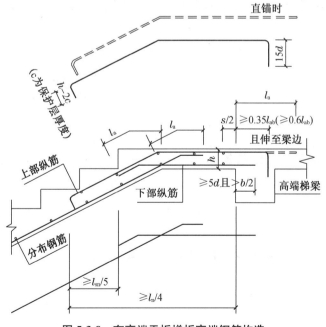

图 5-3-9 有高端平板梯板高端钢筋构造

（3）有高端楼层平板（FT、GT 型楼梯）梯板高端钢筋构造，如图 5-3-10 所示。

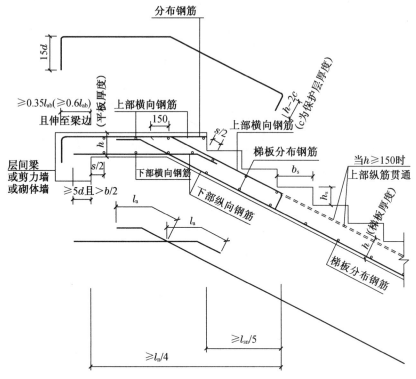

图 5-3-10　有高端层间平板梯板高端钢筋构造

（4）无平板有抗震结构措施（ATa、ATb、ATc 型楼梯）梯板高端钢筋构造，如图 5-3-11（a）所示。当梯板下部纵筋无法伸入高端梯梁处平台板中锚固时，可将其锚入高端梯梁内，如图 5.25（b）所示。

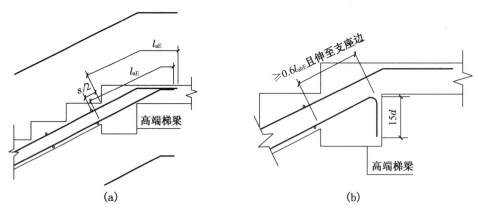

（a）　　　　　　　　　　　　　（b）

图 5-3-11　无平板有抗震结构措施梯板高端钢筋构造

（5）有平板有抗震结构措施（CTa、CTb 型楼梯）梯板高端钢筋构造，如图 5-3-12 所示。

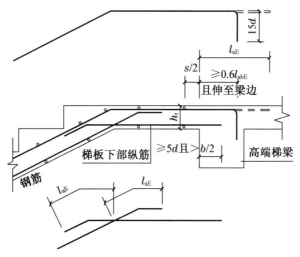

图 5-3-12　有平板有抗震结构措施梯板高端钢筋构造

（6）高端梯梁节点处钢筋排布构造，如图 5-3-13 所示。

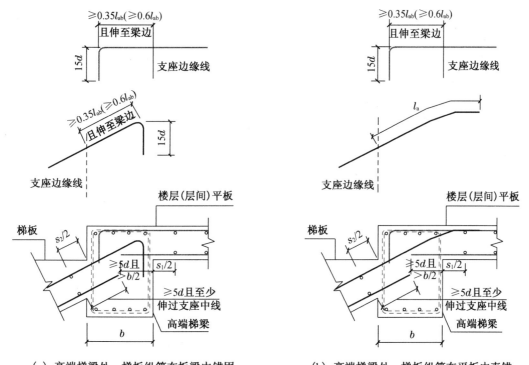

（a）高端梯梁处、梯板纵筋在板梁中锚固　　　（b）高端梯梁处、梯板纵筋在平板中直锚

图 5-3-13　高端梯梁处纵向钢筋的锚固与直锚

（7）ATa、ATb、ATc 高端梯梁处纵筋弯折与锚固，如图 5-3-14 所示。

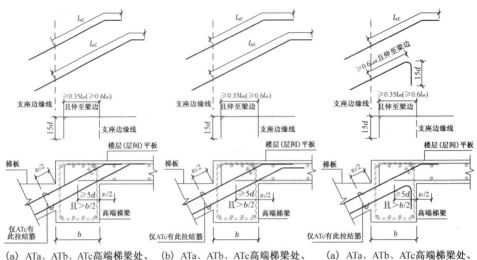

(a) ATa、ATb、ATc高端梯梁处、　　　(b) ATa、ATb、ATc高端梯梁处、　　　(a) ATa、ATb、ATc高端梯梁处、
　　梯板上、下部纵筋弯折段错开　　　　梯板上、下部纵筋弯折段重叠　　　　梯板下部纵筋锚入梯梁内

图 5-3-14　ATa、ATb、ATc 高端梯梁处纵筋弯折与锚固

（8）梯板纵筋与平板纵筋的相关关系，如图 5-3-15 所示。若为低端梯梁，则梯梁左右两侧镜像对调即可。

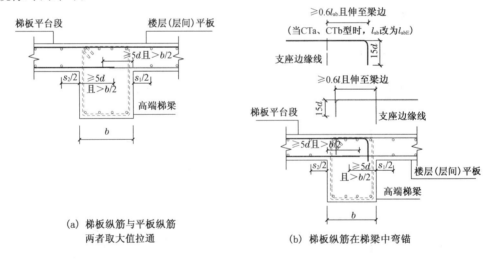

(a) 梯板纵筋与平板纵筋　　　　　　　　　　　(b) 梯板纵筋在梯梁中弯锚
　　两者取大值拉通

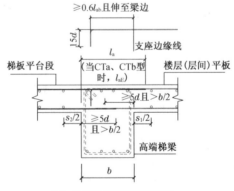

(c) 梯板纵筋在平板中直锚

图 5-3-15　梯板纵筋与平板纵筋的相关关系

5.3.3　楼梯楼层、层间平板钢筋排布构造

楼梯楼层、层间平板钢筋排布构造,如图 5-3-16 所示。

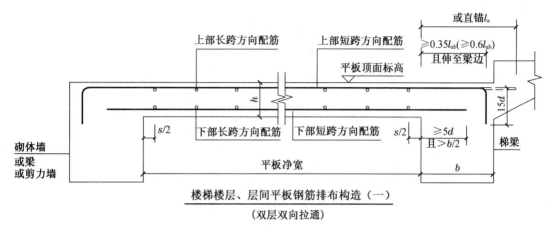

楼梯楼层、层间平板钢筋排布构造(一)

(双层双向拉通)

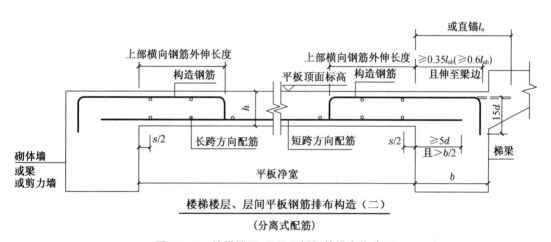

楼梯楼层、层间平板钢筋排布构造(二)

(分离式配筋)

图 5-3-16　楼梯楼层、层间平板钢筋排布构造图

5.3.4　楼梯梯板钢筋图示长度计算

实际工程中楼梯种类较多,下面以 AT 型楼梯为例,讲解楼梯梯板钢筋图示长度的计算,需要计算的钢筋量如图 5-3-17 所示。

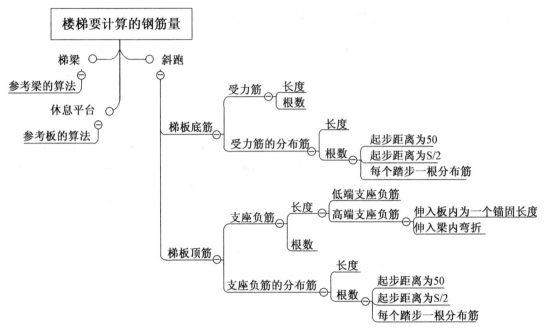

图 5-3-17　楼梯钢筋计算范围

楼梯的休息平台和楼梯梁可参考板和梁钢筋的计算。这里只讲解楼梯梯板（斜跑）中钢筋图示长度的计算。AT 型楼梯梯板配筋构造。如图 5-3-18 所示。

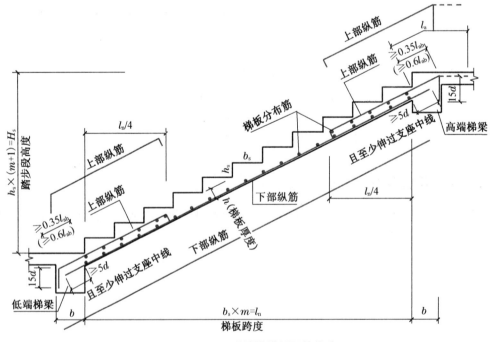

图 5-3-18　AT 型楼梯梯板配筋构造

1. 梯板下部钢筋

楼梯梯板下部钢筋包括受力筋和受力筋的分布筋。

(1) 梯板下部纵筋图示长度计算

梯板下部纵筋图示长度＝梯板水平投影净长×斜度系数＋伸入低端支座内长度＋伸入高端支座内长度＝$l_n K + \max(5d, bk/2) \times 2$

其中，l_n：梯板水平投影净长；K：斜度系数，$K = \dfrac{1}{\cos \alpha} = \sqrt{b_s^2 + h_s^2}/b_s$；$b$：梯梁宽；$b_s$ 与 h_s 分别为踏步宽度与踏步高度。如果是 HPB300 级钢筋，两端应有 180°弯钩，每端需要增加一个 $6.25d$。

(2) 梯板下部纵筋根数计算

梯板下部纵筋位置排布，如图 5-3-19 所示。

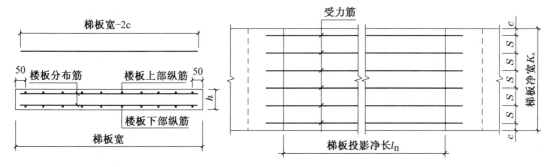

图 5-3-19 梯板受力筋根数计算图

梯板下部纵筋根数＝(梯板净宽－起步距离×2)/受力筋间距＋1＝$(K_n - 2 \times 50)/S + 1$（向上取整）

其中，K_n：梯板净宽；50：起步距离；S：受力筋间距。

(3) 梯板下部纵筋的分布筋图示长度计算

梯板下部纵筋的分布筋位置排布，如图 5-3-20 所示。

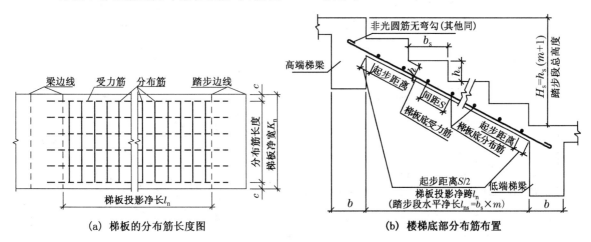

(a) 梯板的分布筋长度图　　　　　(b) 楼梯底部分布筋布置

图 5-3-20 楼梯底分布筋的构造与布置

梯板下部纵筋的分布筋图示长度＝梯板净宽－梯板保护层厚度$\times 2 = K_n - 2c_1$，c_1 为梯板保护层厚度

注：如果是 HPB300 级钢筋，两端应有 $180°$ 弯钩，每端需要增加一个 $6.25d$。

（4）梯板下部纵筋的分布筋根数＝（梯板投影净跨×斜度系数－起步距离×2）/分布筋间距$+1 = (L_n K - S/2 \times 2)/S + 1$（向上取整）

其中：起步距离为：$S/2$，S 为分布筋间距，c_1 为梯板保护层厚度。

2. 梯板上部钢筋图示长度计算

楼梯梯板上部钢筋包括低端支座负筋、高端支座负筋以及支座负筋的分布筋。

（1）楼梯梯板顶部支座负筋图示长度计算，如表 5-3-1 所示。

表 5-3-1　AT 型楼梯梯板顶部支座负筋图示长度计算

钢筋类型	计算式	钢筋构造
低端支座负筋	低端支座负筋图示长度＝伸入板内长度＋伸入支座内长度 1）伸入板内长度＝伸入板内直段长度＋板内弯折长度 $= l_n/4 \times K$ 或（按标注尺寸$\times K$）$+ (h - 2c_1)$ 2）伸入支座内长度$= \max(0.35 l_{ab}, (b - c_2)K) + 15d$（设计按铰接时） 3）伸入支座内长度$= \max(0.6 l_{ab}, (b - c_2)K) + 15d$（设计考虑充分发挥钢筋抗拉强度时） 其中：$l_n$：梯板水平投影净长；$K$：斜度系数；$h$：梯板厚度；$c_1$：梯板保护层厚度；$b$：低端梯梁宽度；$c_2$：梯梁的保护层厚度；$l_{ab}$：受拉钢筋基本锚固长度 注：如果是 HPB300 级钢筋，伸入支座内支座负筋端部加 $180°$ 弯钩，弯钩增加长度为 $6.25d$	
高端支座负筋直锚（伸入板内锚固）	高端支座负筋图示长度＝伸入板内长度＋伸入支座内长度$= l_n/4 \times K$ 或（按标注尺寸$\times K$）$+ h - 2c_1 + l_a$ 1）伸入板内长度＝伸入板内直段长度＋板内弯折长度 $= l_n/4 \times K$ 或（按标注尺寸$\times K$）$+ (h - 2c_1)$ 2）伸入支座内长度$= l_a$ 其中：l_a：受拉钢筋锚固长度	
高端支座负筋弯锚（在梯梁内弯折）	高端支座负筋图示长度＝伸入板内长度＋伸入支座内长度 1）伸入板内长度＝伸入板内直段长度＋板内弯折长度 $= l_n/4 \times K$ 或（按标注尺寸$\times K$）$+ (h - 2c_1)$ 2）伸入支座内长度$= \max(0.35 l_{ab}, (b - c_2)K) + 15d$（设计按铰接时） 3）伸入支座内长度$= \max(0.6 l_{ab}, (b - c_2)K) + 15d$（设计考虑充分发挥钢筋抗拉强度时）其中：$b$：高端梯梁宽度 注：如果是 HPB300 级钢筋，伸入支座内支座负筋端部加 $180°$ 弯钩，弯钩增加长度为 $6.25d$	

（2）楼梯梯板顶部支座负筋根数计算

梯板顶部支座负筋位置排布，如图 5-3-21 所示。

梯板顶部支座负筋根数＝（梯板净宽－起步距离×2）/支座负筋间距＋1＝（K_n－2×50)/S＋1(向上取整)

其中，K_n：梯板净宽；50：起步距离；S：支座负筋间距。

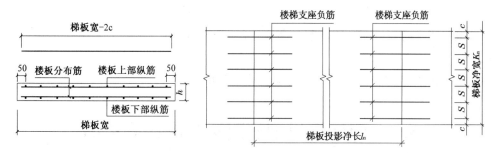

图 5-3-21　楼梯梯板顶部支座负筋布置图

（3）梯板顶部支座负筋分布筋图示长度计算

梯板顶部支座负筋分布筋的位置排布，如图 5-3-22 所示。

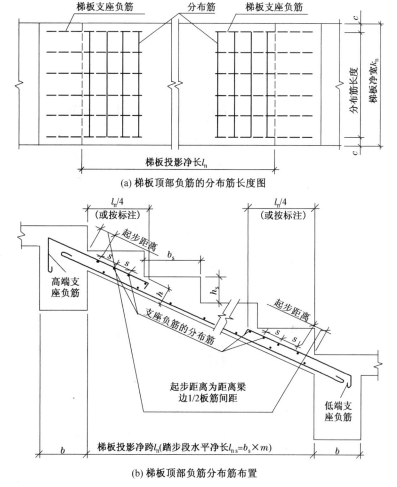

(a) 梯板顶部负筋的分布筋长度图

(b) 梯板顶部负筋分布筋布置

图 5-3-22　楼梯顶部支座负筋分布筋的构造与布置

梯板顶部支座负筋分布筋图示长度=梯板净宽-梯板保护层厚度$\times 2 = K_n - 2c_1$

注:如果是 HPB300 级钢筋,两端应有 180°弯钩,每端需要增加一个 6.25d。

(4) 梯板顶部支座负筋分布筋根数计算

梯板顶部支座负筋分布筋根数=(支座负筋伸入梯板内长度-起步距离)/支座负筋分布筋间距+1

=(l_n/4$\times K$-起步距离)/S+1,向上取整,l_n/4 或按标注长度。

(梯板投影净跨$\times$斜度系数-起步距离$\times 2$)/分布筋间距+1=($l_n \times K - S/2 \times 2$)/$S$+1,向上取整。

其中:起步距离为:$S/2$,S 为支座负筋分布筋间距。

5.4 楼梯梯板钢筋图示长度计算实例

某 TB3 楼梯板钢筋如图所示,作为支座的 THL-1 截面尺寸为 250×400,设计按铰接。未注明的休息平台板钢筋为$\Phi 8@200$。混凝土强度等级 C25,抗震等级四级,梯板宽为 1 450 mm。试对楼梯中的钢筋进行计算与翻样。

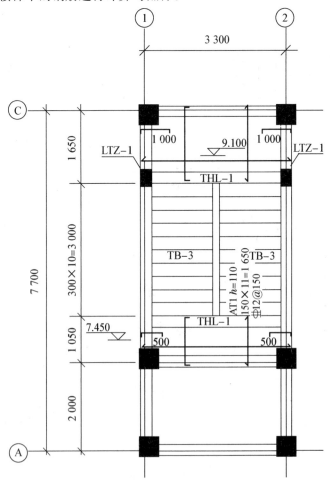

相关参数

锚固长度	HPB300 级钢筋,四级抗震,C25 混凝土,$l_{ab}=34d$,$l_a=34d$;HRB400 级钢筋,四级抗震,C25 混凝土,$l_{ab}=40d$,$l_a=40d$。
保护层厚度	板保护层厚 $c_1=15$ mm,梁保护层厚 $c_2=20$ mm。 板厚 $h=130$,梯板宽为 $k_n=1\,450$ mm。 $K=\sqrt{b_s^2+h_s^2}/b_s=\sqrt{300^2+150^2}/300=1.118$。
楼梯板的倾斜角	$\tan\alpha=150/300=0.5$,$\alpha=26.57°$。

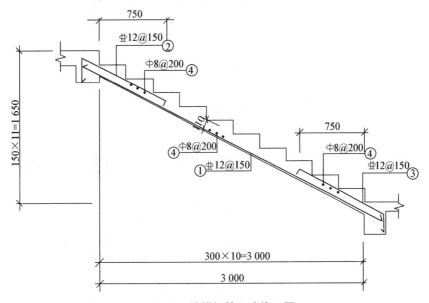

图 5-4-1　楼梯钢筋平法施工图

分析计算:

1. 梯板下部纵筋计算

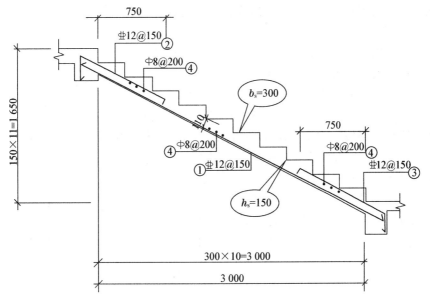

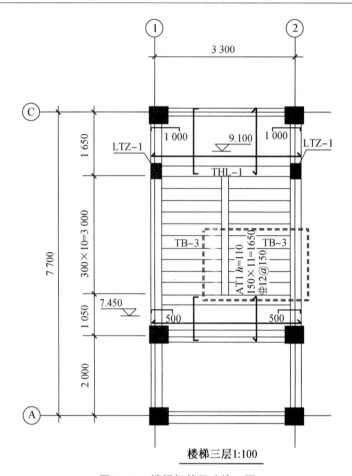

图 5-4-2　楼梯钢筋平法施工图

梯板下部纵筋图示长度计算：

梯板下部纵筋，即①号钢筋$\oplus 12@150$：

梯板下部纵筋图示长度＝梯板投影净长×斜度系数＋伸入高端支座内长度＋伸入低端支座内长度＝$l_n \times k + \max(5d, b/2 \times k) \times 2$

梯板投影净长×斜度系数＝$1.118 \times 3\,000 = 3\,354$ mm

伸入支座长度＝$\max(5d, b/2 \times k)$

$\qquad = \max(5 \times 12, 250/2 \times 1.118) = 140$ mm

梯板下部纵筋图示长度 $L = 3\,354 + 140 \times 2 = 3\,634$ mm

梯板下部纵筋根数 $N = $（梯板净宽－保护层×2）/受力筋间距＋1＝$(K_n - 2C)/S + 1$（取整）

$\qquad N = (1\,450 - 15 \times 2)/150 + 1 = 11$

梯板下部纵筋下料长度计算：

梯板下部纵筋，即①号钢筋$\oplus 12@150$：

下料长度 $L = 3\,634$ mm（没有弯折，等于图示长度）

$\qquad N = (1\,450 - 15 \times 2)/150 + 1 = 11$ 根

2. 梯板上部纵筋计算

（1）高端上部纵筋计算

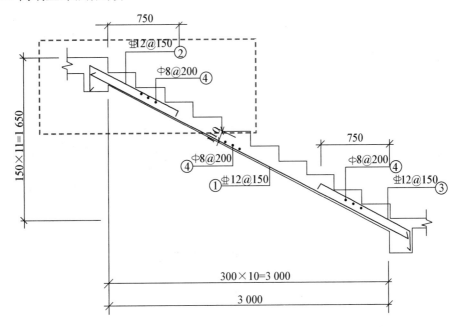

高端上部纵筋图示长度计算：

梯板高端上部纵筋，即②号钢筋 Φ 12@150：

高端上部纵筋长度＝伸入板内长度＋伸入支座内长度

伸入板内长度＝伸入板内直段长度＋弯折＝$l_n/4 \times k$＋弯折

$$＝3\,000/4 \times 1.118＋110－15 \times 2＝919 \text{ mm}$$

伸入支座内长度＝$\max(0.35 l_{ab},(b－c_2)k)＋15d$

$$＝\max(0.35 \times 40 \times 12,(250－20) \times 1.118)＋15 \times 12$$

$$＝\max(168,257)＋15 \times 12＝257＋180＝437 \text{ mm}$$

高端上部纵筋长度 $L＝919＋437＝1356 \text{ mm}$

高端上部纵筋根数 $N＝$（梯板净宽－保护层 $\times 2$）/受力筋间距＋1

$$＝(K_n－2c)/S＋1(取整)$$

$$N＝(1450－15 \times 2)/150＋1＝11 \text{ 根}$$

高端上部纵筋下料长度计算：

梯板高端上部纵筋，即②号钢筋 Φ 12@150：

梯板高端上部纵筋下料长度 $L＝1\,356－1$ 个 $135°$ 量度差值－1 个 $90°$ 量度差值

$$＝1\,356－3.539d－2.931d＝1\,356－3.539 \times 12－2.931$$

$$\times 12＝1\,278 \text{ mm}$$

$N＝(1\,450－15 \times 2)/150＋1＝11$ 根

（2）低端上部纵筋计算

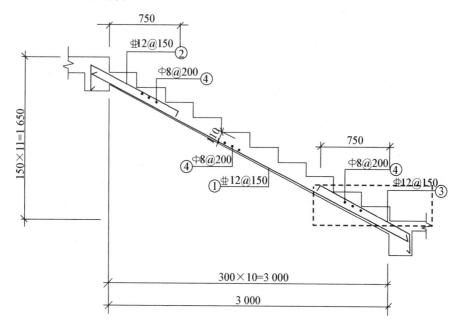

低端上部纵筋图示长度计算：

梯板低端上部纵筋，即③号钢筋Φ12@150：

低端上部纵筋长度＝伸入板内长度＋伸入支座内长度

伸入板内长度＝伸入板内直段长度＋弯折＝$l_n/4\times k$＋弯折

　　　　　　　＝$3\,000/4\times1.118+110-15\times2=919$ mm

伸入支座内长度＝$\max(0.35l_{ab},(b-c_2)k)+15d$

　　　　　　　＝$\max(0.35\times40\times12,(250-20)\times1.118)+15\times12$

　　　　　　　＝$\max(168,257)+15\times12=257+180=437$ mm

低端上部纵筋长度 $L=919+437=1\,356$ mm

梯板低端上部纵筋根数＝（梯板净宽－保护层$\times2$）/受力筋间距＋1

　　　　　　　＝$(K_n-2c)/S+1$（取整）

　　　　　　　$N=(1\,450-15\times2)/150+1=11$

低端上部纵筋下料长度计算：

梯板低端上部纵筋，即③号钢筋Φ12@150：

梯板低端上部纵筋下料长度 $L=1\,356-1$ 个135°量度差值-1个90°量度差值

　　　　　　　＝$1\,356-3.539d-2.931d$

　　　　　　　＝$1\,356-3.539\times12-2.931\times12=1\,278$ mm

　　　　　　　$N=(1\,450-15\times2)/150+1=11$ 根

3. 梯板下部纵筋的分布筋计算

梯板下部纵筋的分布筋图示长度计算：

梯板下部纵筋的分布筋，即④号钢筋Φ8@200：

梯板下部纵筋的分布筋长度＝梯板净宽－保护层$\times2$＋弯钩$\times2$

　　　　　　　＝$K_n-2C+6.25d\times2$

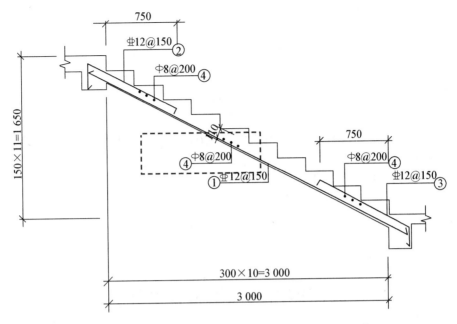

$$=1\,450-2\times15+6.25\times8\times2=1\,520\ \text{mm}$$

梯板下部纵筋的分布筋根数 $N=(l_nk-S)/S+1$

$$=(3\,000\times1.118-200)/200+1=17\ \text{根}$$

梯板下部纵筋的分布筋下料长度计算：

④号钢筋 $\phi\,8@200$；

下料长度 $L=1\,520$ mm（没有弯折，等于图示长度）；

$\qquad N=17$ 根

4. 梯板上部纵筋的分布筋计算

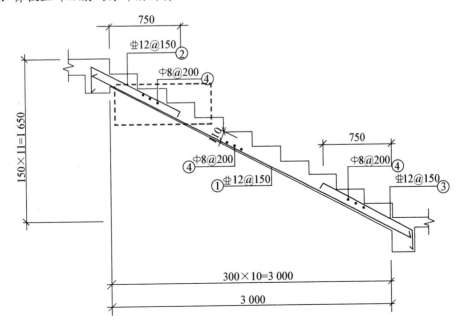

梯板上部纵筋的分布筋图示长度计算：

④号钢筋ϕ8@200：

梯板上部纵筋的分布筋长度＝$K_n-2c+6.25d\times2=1\,450-2\times15+6.25\times8\times2=1\,520$ mm

梯板上部高端纵筋的分布筋根数 $N=(l_n/4k-S)/S+1=(3\,000/4\times1.118-200)/200+1=5$ 根

由于梯板上部高端纵筋的分布筋根数与梯板上部低端纵筋的分布筋根数相同，所以梯板上部纵筋的分布筋总根数 $N=5\times2=10$ 根

梯板上部纵筋的分布筋下料长度计算：

④号钢筋ϕ8@200：

下料长度$L=1\,520$ mm（没有弯折，等于图示长度）

$$N=5\times2=10\ 根$$

5.5 楼梯梯板钢筋下料长度计算实例

【例5-5-1】 根据【例5-4-1】中板 TB3 中钢筋的平法施工图（图5-4-1）和图示长度，计算板 TB3 中钢筋的下料长度并编制钢筋配料单。

解：

1. 梯板下部纵筋下料长度计算：

梯板下部纵筋，即①号钢筋Φ12@150：

下料长度 $L=3\,634$ mm（没有弯折，等于图示长度） 11 根

2. 梯板上部纵筋下料长度计算

（1）高端上部纵筋下料长度计算

梯板高端上部纵筋，即②号钢筋Φ12@150：

梯板高端上部纵筋下料长度 $L=1\,356-1$ 个135°量度差值－1个90°量度差值

 $=1\,356-3.539d-2.931d=1\,356-3.539\times12-2.931\times12=1\,278$ mm 11 根

（2）低端上部纵筋下料长度计算

梯板低端上部纵筋，即③号钢筋Φ12@150：

梯板低端上部纵筋下料长度 $L=1\,356-1$ 个135°量度差值－1个90°量度差值

 $=1\,356-3.539d-2.931d=1\,356-3.539\times12-2.931\times12=1\,278$ mm 11 根

3. 梯板下部纵筋的分布筋下料长度计算

④号钢筋ϕ8@200：

下料长度 $L=1\,520$ mm（没有弯折，等于图示长度） 17 根

4. 梯板上部纵筋的分布筋下料长度计算

④号钢筋ϕ8@200：

下料长度 $L=1\,520$ mm（没有弯折，等于图示长度） 10 根

5. 楼梯板 TB3 钢筋配料单如表5-5-1所示。

表 5-5-1 楼梯 TB3 钢筋配料单

序号	钢筋号	规格	简图	单长（mm）	总根数	总长（m）	总重（kg）
1	梯板下部纵筋	Φ 12	3 634	3 634	11	39.97	35.49
2	梯板下部纵筋的分布筋	ϕ 8	50 ⌐——⌐ 50 1 420	1 520	17	25.84	10.21
3	梯板高端上部纵筋	Φ 12	180 ⌐ 1 096 80	1 278	11	14.06	12.48
4	梯板低端上部纵筋	Φ 12	80 ⌐ 1 096 180	1 278	11	14.06	12.48
5	梯板上部纵筋的分布筋	ϕ 8	50 ⌐——⌐ 50 1 420	1 520	10	15.20	6.00
合计：Φ 12：60.45 kg，ϕ 8：16.21 kg							

技能训练 楼梯钢筋下料尺寸计算与翻样

1. 训练目的

通过框架结构混凝土楼梯钢筋计算与翻样练习，熟悉楼梯结构平法施工图，能正确计算楼梯钢筋的图示长度和下料长度，编制楼梯钢筋配料单，并加工制作楼梯钢筋。

2. 项目任务

根据给定某房屋框架结构平面图和结构布置图，完成下列任务：

（1）AT1 钢筋计算与翻样；

（2）编制钢筋配料单，并制作安装楼梯钢筋。

3. 项目背景

（1）楼梯等级 C25，抗震等级一级，支座按铰接设计。

（2）本楼梯平面图、剖面图与国家标准图集 16G101－2 及 16G101－1 配合使用。

（3）AT1、BT1 上部非贯通筋为Φ 10@200，楼梯板分布筋为Φ 8@250；AT2 上部非贯通筋为Φ 8@150，楼梯板分布筋为Φ 6@180。

4. 项目实施

（1）将学生分成 5 人一组。

（2）根据施工图设计文件和 16G101－2 及 16G101－1 图集，识读楼梯钢筋图纸，计算楼梯中钢筋的图示长度和下料长度,编制钢筋配料单。

(3)加工制作楼梯钢筋。

5. 训练要求

(1)加工钢筋时严格按照操作规程,注意安全。

(2)学生应在教师指导下,独立认真地完成各项内容。

(3)钢筋计算应正确,完整,无丢落、重复现象。

(4)提交统一规定的钢筋配料单。

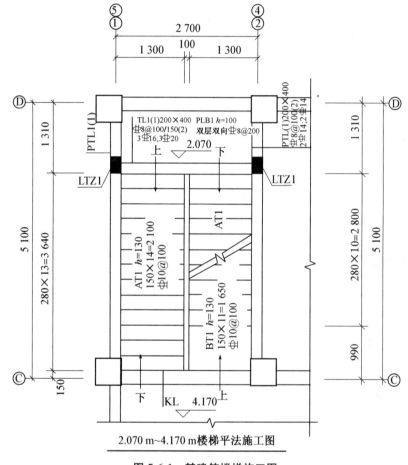

2.070 m~4.170 m楼梯平法施工图

图 5-6-1 某建筑楼梯施工图

第6章 基础钢筋计算与翻样

学习目的: 1. 认识基础的类型;
2. 掌握基础集中标注、原位标注方法;
3. 能识读和绘制基础的平法施工图;
4. 掌握基础钢筋的构造与图示尺寸的计算;
5. 能进行基础钢筋下料长度的计算与翻样。

教学时间: 10 学时
教学过程/教学内容/参考学时:

教学过程	教学内容	参考学时
6.1 基础概述	基础的分类	1
	钢筋混凝土基础钢筋	
6.2 基础平法识图	独立基础平法识图	2
	条形基础平法识图	
	基础联系梁平法识图	
	筏形基础平法识图	
	桩基承台平法识图	
6.3 基础钢筋构造与计算	独立基础钢筋构造与计算	4
	条形基础钢筋构造与计算	
	筏形基础钢筋构造与计算	
	桩基钢筋构造与计算	
6.4 基础钢筋图示长度计算实例	实例计算	2
6.5 基础钢筋下料长度计算实例	实例计算	1
共计		**10**

6.1 基础概述

基础是将建筑物承受的各种荷载传递到地基的建筑物下部结构,是建筑物的重要组成部分,它和地基共同保证建筑物的安全、坚固和耐久。

6.1.1 基础的分类

(1) 按埋置深度不同分为浅基础(如条形基础、独立基础、筏板基础等)和深基础(如桩基础、地下连续墙等);

(2) 按材料不同分为刚性基础(如砖基础、毛石基础、混凝土基础等)和柔性基础(如钢筋混凝土基础);

(3) 按结构形式分为:

① 独立基础:常见有柱下独立基础(如图 6-1-1)和墙下独立基础(如图 6-1-2)。

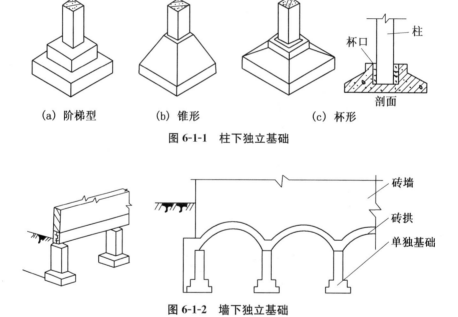

(a) 阶梯型   (b) 锥形   (c) 杯形

图 6-1-1 柱下独立基础

图 6-1-2 墙下独立基础

② 条形基础:常见有墙下条形基础(如图 6-1-3)和柱下钢筋混凝土基础(如图 6-1-4)。

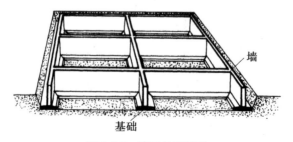

图 6-1-3 墙下条形基础

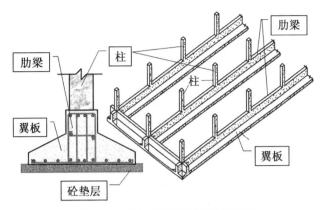

图 6-1-4　柱下钢筋混凝土条形基础

③ 柱下十字交叉基础。如图 6-1-5 所示。

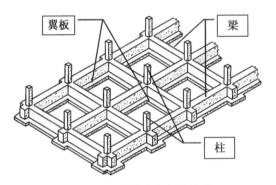

图 6-1-5　柱下十字交叉基础

④ 筏板基础:分为梁板式和平板式两类。如图 6-1-6 所示。

(a) 梁板式　　　　　　　　　(b) 平板式

图 6-1-6　筏板基础

⑤ 箱型基础。如图 6-1-7 所示。

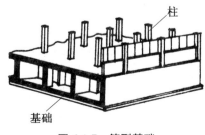

图 6-1-7　箱型基础

⑥ 桩基础:分为端承桩和摩擦桩,如图 6-1-8 所示。

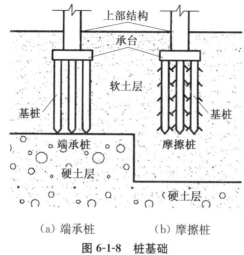

（a）端承桩　　　　　（b）摩擦桩

图 6-1-8　桩基础

6.1.2　钢筋混凝土基础钢筋

根据结构形式的不同,对混凝土基础的钢筋做简要的表述。每种形式的基础并不是都包括所表述的钢筋,只是根据基础的不同结构形式中可能出现的钢筋情况进行表述。此处只对常见基础类型中的钢筋进行表述,对其他类型基础钢筋读者可根据相关内容自行归纳。

1. 独立基础钢筋

$$
独立基础中的钢筋
\begin{cases}
底板底部钢筋（独立基础）\\
底板顶部钢筋（多柱独立基础）\\
顶部焊接钢筋网（杯口独立基础）\\
侧壁外侧和短柱配筋（高杯口独立基础）
\end{cases}
$$

2. 条形基础钢筋

条形基础包括两个部分:基础梁、基础底板。

$$
基础梁
\begin{cases}
底部、顶部贯通筋\\
端部及柱下区域底部非贯通筋\\
架立筋\\
构造筋\\
箍筋\\
吊筋\\
加腋筋
\end{cases}
$$

基础底板中钢筋包括:双梁条形基础底部与顶部的受力筋与分布筋。

3. 筏板基础钢筋

筏板基础分为梁板式和平板式。梁板式筏板基础由基础主梁、基础次梁、基础平板等构成,基础主梁与次梁中的钢筋类型与条形基础中基础梁中的钢筋类似,这就不再表述,其基础平板中的钢筋类型如下:

$$梁板式基础平板（LPB）\begin{cases}底部、顶部贯通筋\\横跨基础梁下的板底部非贯通筋\\中部水平构造钢筋网\end{cases}$$

平板式筏板基础图集是按划分柱下板带和跨中板带或按基础平板进行表达，其钢筋类型如下：

$$\begin{matrix}柱下（跨中）板带\\平板式基础平板（BPB）\end{matrix}\begin{cases}底部、顶部贯通筋\\横跨基础梁下的板底部非贯通筋\end{cases}$$

4．桩基础钢筋

$$桩基础钢筋\begin{cases}承台内钢筋\\桩受力钢筋\\内环定位钢筋\\螺旋箍筋\end{cases}$$

6.2　基础平法识图

本节只对常见的几种基础形式进行讲解，对其他类型基础读者可根据所学识图原则及相关图集自行学习。

6.2.1　独立基础平法识图

独立基础的平面注写方式，有集中标注和原位标注两部分内容。集中标注是在基础平面图上集中引注基础编号、截面竖向尺寸、配筋三项必注内容，以及基础底面标高（与基础底面基准标高不同时）、必要的文字注解两项选注内容；原位标注是在基础平面图上标注独立基础的平面尺寸。对相同编号的基础可选择一个进行原位标注；当平面图形较小时，可将所选定进行原位标注的基础按比例适当放大；其他相同编号者仅注编号。

1．独立基础集中标注的具体内容

（1）注写独立基础编号（必注内容）

普通独立基础的底板截面形状有阶形和坡形两种，其编号表示如下：

阶形截面编号加下标"J"，如 DJ_J01（表示阶形普通独立基础，序号为 01）；

坡形截面编号加下标"P"，如 DJ_P01（表示坡形普通独立基础，序号为 01）。

（2）注写独立基础截面竖向尺寸（必注内容）。阶形截面注写为 $h_1/h_2/h_3\cdots\cdots$，坡形截面注写为 h_1/h_2，如图 6-2-1 所示。

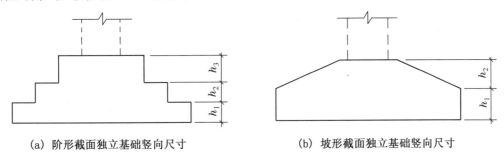

（a）阶形截面独立基础竖向尺寸　　　　（b）坡形截面独立基础竖向尺寸

图 6-2-1　普通独立基础截面竖向尺寸

【例 6-2-1】 指出 $DJ_J 01,200/200/400$ 表示的内容。

表示阶形独立基础 $DJ_J 01$ 竖向截面尺寸自下而上分别为 $h_1 = 200$ mm, $h_2 = 200$ mm, $h_3 = 400$ mm,基础底板总厚度 800 mm。

【例 6-2-2】 指出 $DJ_P 02,350/250$ 表示的内容。

表示坡形独立基础 $DJ_P 02$ 竖向截面尺寸自下而上分别为 $h_1 = 350$ mm, $h_2 = 250$ mm,基础底板总厚度 600 mm。

（3）注写独立基础配筋（必注内容）

以 B 代表独立基础底板的底部配筋,X 向配筋以 X 打头,Y 向配筋以 Y 打头注写;两向配筋相同时,则以 X&Y 打头注写。

【例 6-2-3】 在图 6-2-2 所示独立基础的平法标注中说明独立基础集中标注所包括的内容。

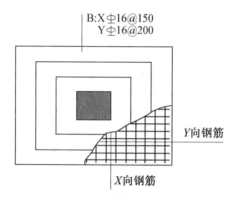

图 6-2-2 独立基础底板底部配筋

图 6-2-2 是独立基础底板底部配筋图,图中"B:X⊕16@150,Y⊕16@200"表示基础底板底部配置 HRB335 级钢筋,X 向直径为⊕16,分布间距为 150 mm;Y 向直径为⊕16,分布间距为 200 mm。

（4）注写基础底面标高（选注内容）

当独立基础的底面标高与基础底面基准标高不同时,应将独立基础底面标高直接注写在"（ ）"内。

（5）必要的文字注解（选注内容）

当独立基础的设计有特殊要求时,应增加必要的文字注解。

2. 独立基础原位标注的具体内容

（1）原位注写矩形独立基础截面尺寸,如图 6-2-3 所示。

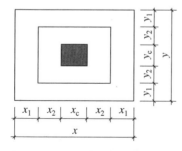

图 6-2-3 矩形独立基础截面尺寸

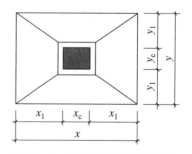

图 6-2-4 坡形独立基础截面尺寸

（2）原位注写坡形独立基础截面尺寸,如图 6-2-4 所示。

图中 x,y 为普通独立基础两向边长;X_c,Y_c 为柱截面尺寸;X_i,Y_i($i=1,2……$)为阶宽或坡形平面尺寸。

普通独立基础采用平面注写方式的集中标注和原位标注综合表达,如图 6-2-5 所示。

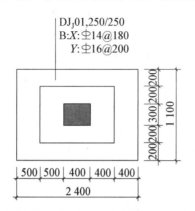

DJ$_j$01,250/250
B:X:Φ14@180
　　Y:Φ16@200

图 6-2-5　独立基础集中及原位标注

独立基础通常为单柱独立基础,也可为多柱独立基础(双柱或四柱等)。当为双柱独立基础且柱距较小时,通常仅配置基础底部钢筋;当柱距较大时,除配置基础底部钢筋外尚需在两柱间配置基础顶部钢筋或设置基础梁;当为四柱独立基础时,通常设置两道平行的基础梁,并在两道基础梁之间配置基础顶部钢筋。

3. 多柱独立基础顶部配筋和基础梁的注写方法

（1）注写双柱独立基础底板顶部配筋

双柱独立基础的底板顶部配筋,通常对称分布在双柱中心线两侧,以"T"打头注写为"双柱间纵向受力钢筋/分布钢筋"。当纵向受力钢筋在基础底板顶面非布满时,应注明其总数。

【例 6-2-4】指出图 6-2-6 双柱独立基础配筋包括内容。

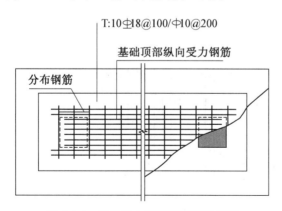

T:10Φ18@100/Φ10@200

基础顶部纵向受力钢筋

分布钢筋

图 6-2-6　双柱独立基础顶部配筋示意

图 6-2-6 中"T:10 Φ 18@100/Φ 10@200"表示独立基础顶部配置纵向受力钢筋 HRB335 级,直径为Φ18,设置 10 根,间距 100 mm;分布筋 HPB300 级,直径为Φ10,分布间

距 200 mm。

（2）注写双柱独立基础的基础梁配筋

当双柱独立基础为基础底板与基础梁相结合时，注写基础梁的编号、几何尺寸和配筋。

如：JL××(1)表示该基础梁为 1 跨，两端无延伸；

JL××(1A)表示基础梁为 1 跨，一端有延伸；

JL××(1B)表示基础梁为 1 跨，两端均有延伸。

通常情况下，双柱独立基础宜采用端部有延伸的基础梁，基础底板则采用受力明确、构造简单的单向受力配筋与分布筋。基础梁宽度宜比柱截面宽度≥100 mm（每边≥50 mm）。基础梁的注写示意如图 6-2-7 所示。

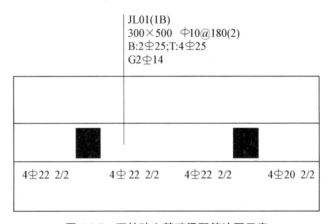

图 6-2-7　双柱独立基础梁配筋注写示意

（3）注写配置两道基础梁的四柱独立基础底板顶部配筋

当四柱独立基础已设置两道平行的基础梁时，根据内力需要可在双梁之间及梁的长度范围之内配置基础顶部钢筋，注写为"梁间受力钢筋/分布钢筋"。

【例 6-2-5】　指出图 6-2-8 四柱独立基础底板顶部配筋包括的内容。

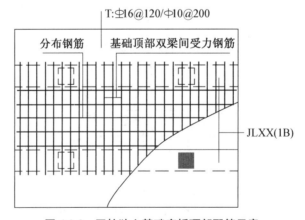

图 6-2-8　四柱独立基础底板顶部配筋示意

图 6-2-8 中"T:Φ16@120/Φ10@200"表示在四柱独立基础顶部两道基础梁之间配置受力钢筋 HRB335 级，直径为Φ16，间距为 120 mm；分布筋 HPB300 级，直径为Φ10，分布间

距为 200 mm。

采用平面注写方式表达的四柱独立基础注写如图 6-2-9 所示。

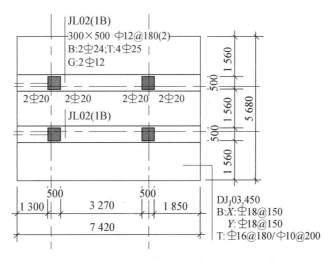

图 6-2-9　四柱独立基础平法施工图注写示意

独立基础平法施工图的截面注写方式,分为截面标注和列表注写(结合截面示意图)两种表达方式。具体内容可参考相关资料。

6.2.2　条形基础平法识图

条形基础整体上可分为梁板式条形基础和板式条形基础。条形基础分类见表 6-2-1。

表 6-2-1　条形基础分类

条形基础分类	适用范围	平法施工图表达内容
梁板式条形基础	钢筋混凝土框架结构、框架剪力墙结构、部分框支剪力墙结构等	基础梁
		条形基础底板
板式条形基础	钢筋混凝土剪力墙结构、砌体结构	条形基础底板

条形基础编号分基础梁和条形基础底板编号,见表 6-2-2。

表 6-2-2　条形基础编号

类型	代号	序号	跨数及是否有外伸	类型	基础底板截面形状	代号	序号	跨数及是否有外伸
基础梁	JL	××	(××)端部无外伸 (××A)一端有外伸 (××B)两端有外伸	条形基础底板	坡形	TJB_P	××	(××)端部无外伸 (××A)一端有外伸 (××B)两端有外伸
					阶形	TJB_J	××	

条形基础梁的平面注写方式分集中标注和原位标注两部分内容。集中标注是在基础平面图上集中引注基础编号、截面尺寸、配筋三项必注内容,以及基础梁底面标高(与基础底面基准标高不同时)和必要的文字注解两项选注内容;原位标注是在基础平面图上标注各跨的

尺寸和配筋。

1. 条形基础梁集中标注的具体内容

（1）注写基础梁编号（必注内容），如 JL04(2A)表示基础梁序号为 04，两跨，一端有外伸。

（2）注写基础梁截面尺寸（必注内容）

注写基础梁截面尺寸 $b \times h$，表示截面宽度×截面高度。当为加腋梁时，用 $b \times h\ Y_{c_1 \times c_2}$ 表示，其中 $c_1 \times c_2$ 为腋长×腋高。如 $300 \times 700\ Y_{450 \times 300}$ 表示截面宽 300 mm，截面高 700 mm，腋长 450 mm，腋高 300 mm。

（3）注写基础梁箍筋（必注内容）

当设计仅采用一种箍筋间距时，注写钢筋级别、直径、间距与肢数（箍筋肢数写在括号内，下同）。

当设计采用两种箍筋时，用"/"分隔不同箍筋，按照从基础梁两端向跨中的顺序注写。先注写第一段箍筋（在前面加注箍筋道数），在斜线后再注写第二段箍筋（不再加注箍筋道数）。

【例 6-2-6】 指出 8Φ10@100/200(4)表示的内容。

表示该基础梁箍筋为 HPB300 级，从基础梁两端起向跨内按间距 100 各设置 8 道直径为 Φ10 的四肢箍，其余部位设置直径为 Φ10 间距 200 的四肢箍。

【例 6-2-7】 指出 8Φ18@100/8Φ18@150/Φ18@200(6)表示的内容。

表示配置三种间距 HRB400 级箍筋，直径为 Φ18，从梁两端起向跨内按间距 100 mm 设置 8 道，再按 150 mm 设置 8 道，其余部位的间距为 200 mm，均为 6 肢箍。

施工钢筋排布时，在两向基础梁相交位置的柱下区域，应有一向截面较高的基础梁按梁端箍筋贯通设置，当两向基础梁高度相同时，任选一向基础梁箍筋贯通设置。这里就要注意无柱的情况下的基础梁箍筋的布置，需与设计人员沟通。

（4）注写基础梁底部、顶部及侧面纵向钢筋（必注内容）

以 B 打头，注写基础梁底部贯通纵筋（不小于梁底部受力筋总截面面积的 1/3）。以 T 打头，注写梁顶部贯通纵筋。

当跨中所注纵向钢筋根数少于箍筋肢数时，需要在跨中增设基础梁底部架立筋，以固定箍筋，采用"+"将贯通纵筋与架立筋相接，架立筋写在"+"后的括号内。

当梁底部或顶部贯通纵筋多于一排时，用"/"将各排纵筋自上而下分开。

【例 6-2-8】 指出 B:4Φ28;T:10Φ28 6/4 表示的内容。

表示该基础梁底部设置 4Φ28 的贯通纵筋；顶部贯通纵筋分两排设置，上排 6Φ28，下排 4Φ28，共 10Φ28。

以 G 打头，注写基础梁两侧面对称设置的纵向构造钢筋的总配筋值。

【例 6-2-9】 指出 G6Φ16 表示的内容。

表示该基础梁两个侧面共对称配置 6Φ16 钢筋，即每个侧面各设置 3Φ16 钢筋。

（5）注写基础梁底面标高（选注内容）。

（6）必要的文字注解（选注内容）。

2. 条形基础梁原位标注的具体内容

（1）原位标注基础梁端或梁在柱下区域的底部全部纵筋（包括底部非贯通筋及已集中注写的底部贯通纵筋）

当梁端或梁在柱下区域的底部全部纵筋多于一排时,用"/"将各排纵筋自上而下分开注写;当同排纵筋有两种直径时,用"+"将两种直径的纵筋相连;当梁中间支座或梁在柱下区域两边的底部纵筋配置不同时,须在支座两边分别标注,当梁中间支座两边的底部纵筋配置相同时,可仅在支座一边标注;当梁端(柱下)区域的底部全部纵筋与集中标注的底部贯通筋相同时,可不再重复做原位标注。

(2) 原位注写基础梁的附加箍筋或吊筋

当两向基础梁十字交叉,但交叉位置无柱时,应根据抗力需要设置附加箍筋或吊筋。将附加箍筋或吊筋直接画在平面图十字交叉梁中刚度较大的条形基础主梁上,原位直接引注总配筋值(附加箍筋的肢数写在括号内);当多数附加箍筋或吊筋相同时,可在条形基础平法施工图上统一注明,少数与统一注明值不同时,再原位直接引注。

(3) 原位注写基础梁外伸部位的变截面高度尺寸

当基础梁外伸部位采用变截面高度时,在该部位原位注写 $b \times h_1/h_2$;h_1 为基础梁根部截面高度,h_2 为基础梁尽端截面高度。

(4) 原位注写修正内容

当基础梁上集中标注的某项内容(如截面尺寸、箍筋、底部与顶部贯通纵筋或架立筋、梁侧面纵向构造钢筋、梁底面标高等)不适用于某跨或某外伸部位时,将其修正内容原位标写在该跨或该外伸部位,施工时原位标注取值优先。

3. 条形基础底板集中标注的具体内容

(1) 注写条形基础底板编号(必注内容)

坡形截面,编号加下标"P",如 TJB$_P$02(4B):表示坡形条形基础底板 02,4 跨两端有外伸;

阶形截面,编号加下标"J",如 TJB$_J$03(3A):表示阶形条形基础底板 03,3 跨一端有外伸。

(2) 注写条形基础底板截面竖向尺寸(必注内容)。注写为:$h_1/h_2/\cdots\cdots$

当条形基础底板为坡形截面时,注写为 h_1/h_2,如图 6-2-10 所示。如 TJB$_P$02(2),250/350 表示坡形条形基础底板 02,2 跨,$h_1=250$,$h_2=350$。

当条形基础底板为阶形截面时,注写为 $h_1/h_2/\cdots\cdots$ 当为单阶截面时注写为 h_1,如图 6-2-11所示。如 TJB$_J$03(3),300:表示阶形截面条形基础底板 03,3 跨,$h_1=300$。

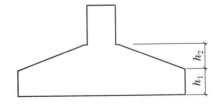

图 6-2-10　条形基础底板坡形截面竖向尺寸

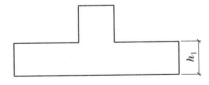

图 6-2-11　条形基础底板单阶截面竖向尺寸

(3) 注写条形基础底板底部及顶部配筋(必注内容)

以 B 打头,注写条形基础底板底部的横向受力钢筋;以 T 打头,注写条形基础底板顶部的横向受力钢筋;注写时用"/"分隔条形基础底板的横向受力钢筋与构造钢筋。

【例 6-2-10】　指出图 6-2-12 条形基础底板底部配筋所包含的内容。

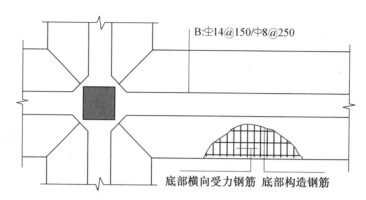

图 6-2-12　条形基础底板底部配筋示意

图 6-2-12 中 B:Φ14@150/Φ8@250 表示条形基础底板底部配置 HRB335 级横向受力钢筋,直径为 Φ14,分布间距 150 mm;配置 HPB300 级构造钢筋,直径为 Φ8,分布间距 250 mm。

当为双梁(或双墙)条形基础底板时,除在底板底部配置钢筋外,一般尚需在两根梁或两道墙之间的底板顶部配置钢筋,其中横向受力钢筋的锚固从梁(或墙)的内边缘起算。

【例 6-2-11】　指出图 6-2-13 双梁条形基础底板配筋所包含的内容。

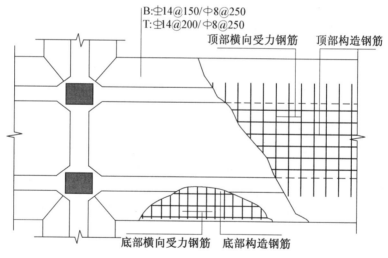

图 6-2-13　双梁条形基础底板配筋注写示意

图 6-2-13 中 B:Φ14@150/Φ8@250;T:Φ14@200/Φ8@250 表示该条形基础底板底部横向配置Φ14@150 的受力钢筋,纵向配置Φ8@250 的构造钢筋(分布钢筋);底板顶部横向配置Φ14@200 的受力钢筋,纵向配置Φ8@250 的构造钢筋(分布钢筋)。

(4)注写条形基础底板底面标高(选注内容)

当条形基础底板底面标高与条形基础底面基准标高不同时,应将条形基础底板底面标高注写在"(　)"内。

(5)必要的文字注解(选注内容)

当条形基础底板有特殊要求时,应增加必要的文字注解。

4. 条形基础底板原位标注具体内容

（1）原位注写条形基础底板的平面尺寸

条形基础底板的原位标注就是注写其平面尺寸。原位标注 b、b_i（$i=1$、2······），其中 b 为基础底板总宽度，b_i 为基础底板台阶的宽度。当基础底板采用对称于基础梁的坡形截面或单阶形截面时，b_i 可不注。

（2）原位注写修正内容

当在条形基础底板上集中标注的某项内容，如底板截面竖向尺寸、底板配筋、底板底面标高等，不适用于条形基础底板某跨或某部位时，将其修正内容原位注写在该跨或该外伸部位处，施工时原位标注取值优先。

条形基础的截面注写方式，分为截面标注和列表注写（结合截面示意图）两种表达方式。具体内容可参考相关资料。

6.2.3　基础联系梁平法识图

基础联系梁指连接独立基础、条形基础或桩基承台的梁。

基础联系梁的编号见表 6-2-3。

表 6-2-3　基础联系梁编号

类型	代号	序号	跨数及是否有外伸或悬挑
基础联系梁	JLL	××	（××）端部无外伸或无悬挑 （××A）一端有外伸或有悬挑 （××B）两端有外伸或有悬挑

基础联系梁注写相关内容详见《混凝土结构施工图平面整体表示方法制图规则和构造详图（现浇混凝土框架、剪力墙、梁、板）》（16G101－1）中非框架梁的制图规则。

6.2.4　筏形基础平法识图

筏形基础根据构造的不同分为梁板式筏形基础与平板式筏形基础。梁板式筏形基础由基础主梁、基础次梁和基础平板构成。平板式筏形基础可分为柱下板带、跨中板带；也可不分板带，按基础平板进行表示。

1. 梁板式筏形基础平法识图

（1）基础主梁与基础次梁集中标注具体内容

基础主梁与基础次梁集中标注内容包括基础梁编号、截面尺寸、配筋三项必注内容及基础梁底面标高高差（相对于筏形基础平板底面标高）一项选注内容。

① 注写基础梁编号

基础主梁与次梁编号见表 6-2-4。

表 6-2-4　基础主梁与次梁编号

构件类型	代号	序号	跨数及有无外伸
基础主梁（柱下）	JL	××	（××）端部无外伸 （××A）一端有外伸
基础次梁	JCL	××	（××B）两端有外伸

【例 6-2-12】 指出 JL01(2B)表示的内容。

JL01(2B)表示基础主梁 01,2 跨,两端有外伸。

② 注写基础主梁与次梁的截面尺寸

此部分内容与前面条形基础梁的集中标注截面尺寸的内容相同,此处就不再叙述。

③ 注写基础梁的配筋

此部分内容与前面条形基础梁的集中标注配筋的内容相同,此处就不再叙述。

④ 基础梁底面标高高差(相对于筏形基础平板底面标高的高差值)

有高差时将高差写入括号内,无高差时不注。

(2)基础主梁与基础次梁原位标注具体内容

此部分内容与前面条形基础梁的原位标注配筋的内容相同,此处就不再叙述。

(3)梁板式筏形基础平板(LPB)贯通纵筋的集中标注具体内容

梁板式筏形基础平板贯通筋的集中标注应在所表达的板区双向均为第一跨(X 与 Y 双向首跨)的板上引出(图面从左至右为 X 向,从下至上为 Y 向),再结合集中标注中跨数的表达。

① 注写基础平板的编号

基础平板的编号见表 6-2-5。

表 6-2-5　基础平板的编号

构件类型	代号	序号	跨数及有无外伸
梁板筏基础平板	LPB	××	(××)端部无外伸 (××A)一端有外伸 (××B)两端有外伸

如 LPB01 表示梁板式筏形基础 01。

② 注写基础平板的截面尺寸

注写 $h=×××$ 表示板厚,如 $h=500$ 表示板厚为 500 mm。

③ 注写基础平板的底部与顶部贯通纵筋及其总长度

先标注 X 向底部(B 打头)贯通纵筋与顶部(T 打头)贯通纵筋及纵向长度范围(总长度标注在括号中,标注为跨数及有无外伸),如 X:B⊕20@180;T⊕22@200;(4A)。

再标注 Y 向底部(B 打头)贯通纵筋与顶部(T 打头)贯通纵筋及纵向长度范围(总长度标注在括号中,标注为跨数及有无外伸),如 Y:B⊕18@200;T⊕20@180;(3B)。

【例 6-2-13】 指出 X:B⊕20@180;T⊕22@200;(4A)

　　　　　　　 Y:B⊕18@200;T⊕20@180;(3B)表示的内容。

表示基础平板 X 向底部配置⊕20 间距 180 mm 贯通纵筋,顶部配置⊕22 间距 200 mm 贯通纵筋,横向总长度为 4 跨,一端有外伸;Y 向底部配置⊕18 间距 200 mm 贯通纵筋,顶部配置⊕20 间距 180 mm 贯通纵筋,纵向总长度为 3 跨,两端有外伸。

当贯通筋采用两种规格钢筋"隔一布一"方式时,表达为⊕XX/YY@×××,表示直径 XX 的钢筋和直径 YY 的钢筋之间的间距为×××。

【例 6-2-14】 指出⊕16/18@150 表示的内容。

⊕16/18@150 表示贯通纵筋为⊕16、⊕18 隔一布一,彼此之间间距为 150 mm。

（4）梁板式筏形基础平板（LPB）原位标注具体内容

梁板式筏形基础平板原位标注主要表示板底部附加非贯通纵筋。

① 原位标注位置及内容

板底部附加非贯通纵筋应在若干跨配置相同的首跨引出，垂直于基础梁绘制的一段中粗虚线，在虚线上标注编号、配筋、跨数及是否有外伸，以及跨内伸出的长度，见梁板式筏形基础标注图 6-2-14。

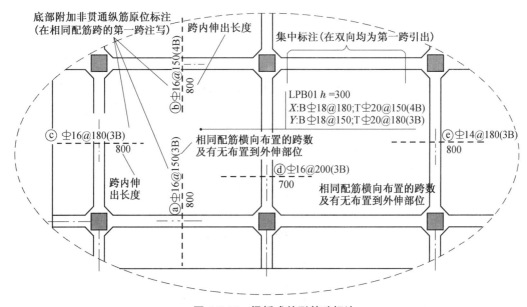

图 6-2-14　梁板式筏形基础标注

② 标注修正内容。

③ 其他基础梁若配置相同附加非贯通筋，则标注相应编号即可。

2. 平板式筏形基础平法识图

平板式筏形基础可划分为柱下板带和跨中板带，也可不分板带，按基础平板进行表达。

（1）柱下板带、跨中板带集中标注的具体内容

柱下板带、跨中板带集中标注由编号、截面尺寸、配筋等组成。

① 注写编号

柱下板带、跨中板带的编号见表 6-2-6。

表 6-2-6　柱下板带、跨中板带的编号

构件类型	代号	序号	跨数及有无外伸
柱下板带	ZXB	××	（××）端部无外伸
跨中板带	KZB	××	（××A）一端有外伸 （××B）两端有外伸

如 ZXB01(4A) 表示柱下板带 01，4 跨，一端有外伸。

② 注写截面尺寸

标注 $b=×××$ 表示板带宽度，如 $b=1\,000$ 表示柱下板带宽 1 000 mm。柱下板带宽度

确定后跨中板带也就随之确定。

③ 注写底部与顶部贯通纵筋

标注底部贯通纵筋(B 打头)与顶部贯通纵筋(T 打头)的规格与间距,用分号将其分隔开。底部与顶部贯通纵筋沿板长向配筋。

【例 6-2-15】 指出 BΦ18@200;TΦ14@180 表示的内容。

BΦ18@200;TΦ14@180 表示板带底部配置Φ18 间距 200 mm 的贯通纵筋,板带顶部配置Φ14 间距 180 mm 的贯通纵筋。

(2) 柱下板带、跨中板带原位标注的具体内容

柱下板带、跨中板带原位标注为底部附加非贯通纵筋。

① 注写内容

以一段与板带同向的中粗虚线代表附加非贯通纵筋,柱下板带应贯穿其柱下区域绘制,跨中板带横贯柱中线绘制,标注编号、配筋及自中线分别向两侧跨内的伸出长度值。图示内容见柱下板带图示 6-2-15。

② 注写修正内容

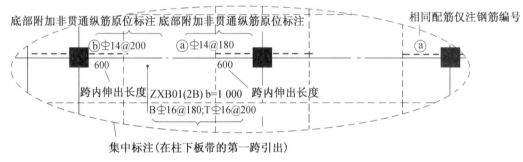

图 6-2-15 柱下板带图示

(3) 平板式筏形基础平板的平法识图

平板筏形基础平板(BPB)平法标注方法同梁板式筏形基础平板,只是板编号不同,此处就不再叙述。

6.2.5 桩基承台平法识图

桩基承台平法施工图有平面注写和截面注写两种表达方式。桩基承台分为独立承台和承台梁。

1. 独立承台平法识图

(1) 独立承台集中标注具体内容

独立承台集中标注内容包括编号、截面竖向尺寸、配筋三项必注内容,以及两项选注内容承台底面标高(与承台底面基准标高不同时)的相对标高和必要的文字注解。

① 注写承台编号

独立承台编号见表 6-2-7。

表 6-2-7 独立承台编号

类型	独立承台截面形状	代号	序号	说　明
独立 承台	坡形	CT_P	××	单阶截面为平板式独立承台
	阶形	CT_J	××	

如 CT_p01 表示坡形独立承台 01。

② 注写承台截面竖向尺寸

若承台为阶形,截面注写为 $h_1/h_2/\cdots\cdots$,单阶截面仅注写 h_1,如图 6-2-16 所示;坡形截面注写为 h_1/h_2,如图 6-2-17 所示。

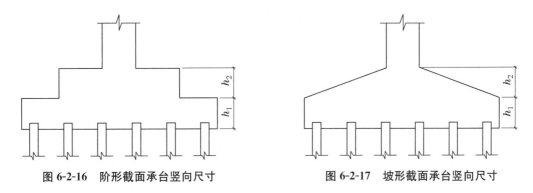

图 6-2-16　阶形截面承台竖向尺寸　　　　图 6-2-17　坡形截面承台竖向尺寸

③ 注写独立承台配筋

底部与顶部双向配筋应分别注写,顶部配筋仅用于双柱或四柱等独立承台,当独立承台顶部无配筋时则不注顶部。

以 B 打头注写底部配筋,以 T 打头注写顶部配筋。矩形承台 X 向以 X 打头,Y 向以 Y 打头,两向配筋相同时以 X&Y 打头。

当为多边形桩承台(五边形或六边形)或异形独立承台时,且采用 X 向和 Y 向正交配筋时,注写方式与矩形独立承台相同。

当为等边三桩承台时,以"△"打头,注写三角布置的各边受力筋(注明根数并在配筋值后注写×3),在"/"后注写分布钢筋,如:△5Φ22@180×3/Φ10@200。

当为等腰三桩承台时,以"△"打头,注写等腰三角形底边的受力钢筋+两对称斜边受力筋(注明根数并在配筋值后注写×2),在"/"后注写分布钢筋,如:△6Φ16@180+5Φ16@180×2/Φ10@200。

④ 注写基础底面标高

⑤ 注写必要的文字注解

(2)独立承台原位标注具体内容

独立承台原位标注系在桩基承台平面图上标注独立桩承台的平面尺寸,相同编号的承台,可仅选择一个标注,其他与其编号相同者仅注写编号即可,分为矩形承台、三桩承台、多边形独立承台标注形式。此处仅对等边三桩独立承台平面原位标注(见图 6-2-18)进行表述,其他形式类似,读者可自行学习。

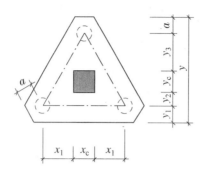

图 6-2-18　等边三桩独立承台原位标注

注：x 或 y——三桩独立承台平面垂直于底边的高度；

x_c，y_c——柱截面尺寸；x_i，y_i——承台分尺寸和定位尺寸；

a——桩中心距切角边缘的距离。

2. 承台梁平法识图

（1）承台梁集中标注具体内容

承台梁集中标注包括编号、截面尺寸、配筋三项必注内容，以及两项选注内容承台梁底面标高（与承台底面基准标高不同时）和必要的文字注解。

① 注写承台梁编号

承台梁编号注写见表 6-2-8。

表 6-2-8　承台梁编号

类型	代号	序号	跨数及是否有外伸
承台梁	CTL	××	（××)端部无外伸 （××A)一端有外伸 （××B)两端有外伸

如 CTL01(6B)表示承台梁 01,6 跨,两端有外伸。

② 注写承台梁截面尺寸

注写 $b \times h$,分别表示梁截面宽度×截面高度。

③ 注写承台梁配筋

此部分内容与前面基础梁配筋类似,此处就不再叙述,读者可参见 16G101-3。

④ 注写承台梁底面标高

⑤ 注写必要的文字注解

单排桩承台梁示意图如 6-2-19 所示。

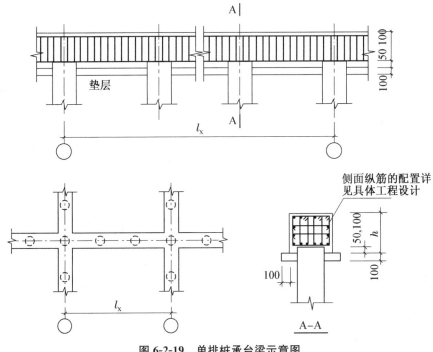

图 6-2-19　单排桩承台梁示意图

6.3　基础钢筋构造与图示长度计算

6.3.1　独立基础钢筋构造与图示长度计算

1. 独立基础钢筋构造

(1) 独立基础底板配筋构造,如图 6-3-1、图 6-3-2 所示。

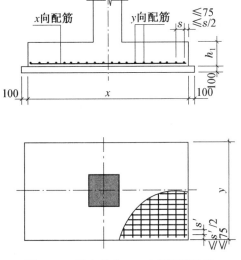

图 6-3-1　独立基础 DJ$_J$ 底板配筋构造

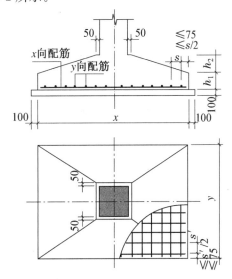

图 6-3-2　独立基础 DJ$_P$ 底板配筋构造

注：① 水平方向为 x 向，竖向为 y 向。

② 间距分别用 s、s' 表示。

③ 独立基础底部双向交叉钢筋长向设置在下，短向设置在上。

（2）独立基础底板配筋长度减短 10% 构造，如图 6-3-3、图 6-3-4 所示。

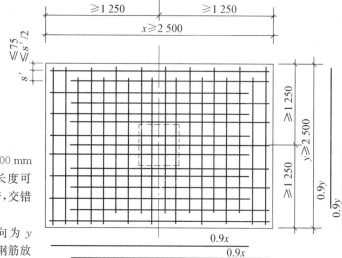

注：① 对称独立基础底板长度 $\geqslant 2\,500\ \text{mm}$ 时，除外侧钢筋外，底板钢筋长度可取相应方向底板长度的 0.9 倍，交错放置。

② 图面规定水平向为 x 向，竖向为 y 向。长向钢筋放在下面，短向钢筋放在长向钢筋的上面。

图 6-3-3　对称独立基础底板配筋长度减短 10% 构造

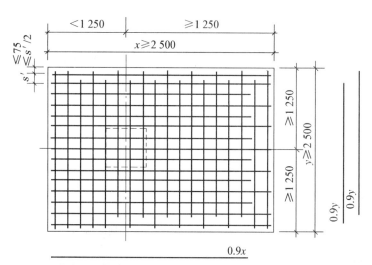

图 6-3-4　非对称独立基础底板配筋长度减短 10% 构造

注：① 当非对称独立基础底板长度 $\geqslant 2\,500\ \text{mm}$，但该基础某侧从柱中心至基础底板边缘的距离 $< 1\,250\ \text{mm}$ 时，钢筋在该侧不应减短。

② 图面规定水平向为 x 向，竖向为 y 向。长向钢筋放在下面，短向钢筋放在长向钢筋的上面。

（3）双柱独立基础钢筋排布构造，如图 6-3-5、图 6-3-6 所示。

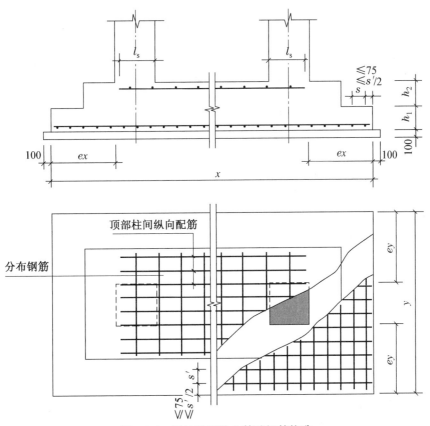

图 6-3-5　双柱普通独立基础钢筋构造

注：① 双柱普通独立基础的截面形状可为阶型或坡形。

　　② 双柱普通独立基础底部双向交叉钢筋，根据基础两个方向从柱外缘至基础外缘的延伸长度 ex 和 ey 的大小，较大方向的钢筋放在下面，较小方向的钢筋放在上面。

　　③ 规定图面水平方向为 x 向，竖向为 y 向。

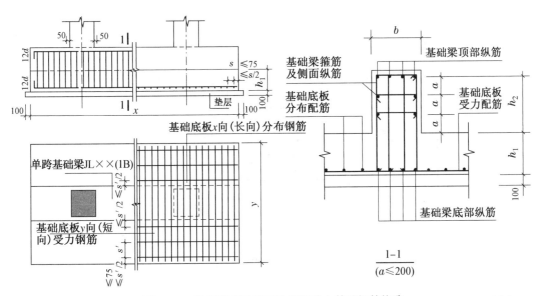

图 6-3-6　设置基础梁的双柱普通独立基础钢筋构造

注:① 截面形状可为阶型或坡型。

② 双柱独立基础底部短向受力钢筋设置在基础梁纵筋之下,与基础梁箍筋的下水平段位于同一层面。

③ 双柱基础梁所设置的基础梁宽度宜比柱截面宽≥100 mm(每边≥50 mm)。当具体设计的基础梁宽小于柱截面宽时,应按规定增设梁包柱侧腋。

2. 独立基础钢筋图示长度计算

(1)独立基础底板钢筋图示长度计算

钢筋图示长度=边长-2×保护层厚度。

钢筋根数=[边长-2×min(75,s/2)]/s+1(s 为受力钢筋间距)。

(2)独立基础底板配筋长度减短 10%计算

① 对称独立基础

外侧不缩减钢筋图示长度=边长-2×保护层厚度。

不缩减钢筋根数:2 根。

缩减钢筋长度=0.9×边长。

一个方向钢筋总根数=[边长-2×min(75,s/2)]/s+1。

缩减钢筋根数=[边长-2×min(75,0.5s)]/s-1。

② 非对称独立基础

各边最外侧钢筋不缩减。

对称方向中部钢筋长度缩减 10%。

非对称方向如图 6-3-7 所示。

从柱中心至基础底板边缘的距离小于 1 250 mm 时,该侧(左侧)钢筋不缩减。

从柱中心至基础底板边缘的距离不小于 1 250 mm 时,该侧(右侧)钢筋隔一根缩减一根。

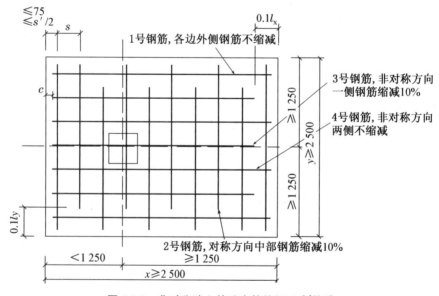

图 6-3-7 非对称独立基础底筋缩短 10%构造

（3）双柱独立基础钢筋图示长度计算

双柱独立基础钢筋分为底部钢筋与底板顶部钢筋。底板顶部钢筋由纵向受力筋与横向分布筋组成。顶部配筋构造如图 6-3-8 所示。

底部钢筋图示长度＝边长－2×保护层厚度。

底部钢筋根数＝[边长－2×min$(75,s/2)$]$/s+1$。

顶部纵向受力筋图示长度＝柱内侧间距＋$2l_a$。

顶部纵向受力筋根数由设计标注。

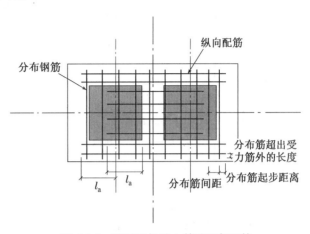

图 6-3-8　普通双柱独立基础顶部配筋

顶部横向分布筋图示长度＝纵向受力筋布置范围长度＋两端超出受力筋外的长度(常取 150 mm)。

顶部横向分布筋根数在纵向受力筋的长度范围内布置(起步距离可取分布筋间距/2)。

6.3.2　条形基础钢筋构造与图示长度计算

1. 条形基础钢筋构造

（1）基础梁钢筋构造

① 端部无外伸,如图 6-3-9 所示。

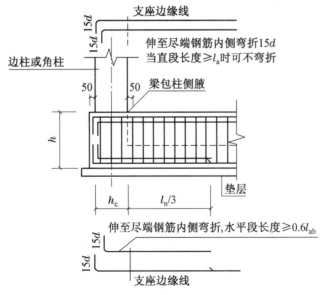

图 6-3-9　端部无外伸钢筋构造

② 端部等截面外伸,如图 6-3-10 所示。

③ 端部变截面外伸,如图 6-3-11 所示。

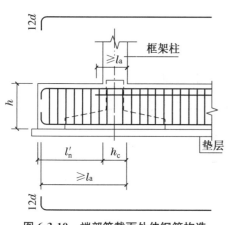

图 6-3-10　端部等截面外伸钢筋构造

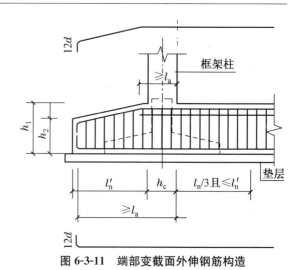

图 6-3-11　端部变截面外伸钢筋构造

④ 梁底或梁顶有高差，如图 6-3-12、图 6-3-13 所示。

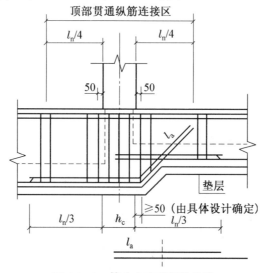

图 6-3-12　梁底有高差钢筋构造

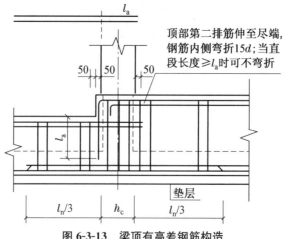

图 6-3-13　梁顶有高差钢筋构造

⑤ 柱两边梁宽不同时的钢筋构造,如图 6-3-14 所示。

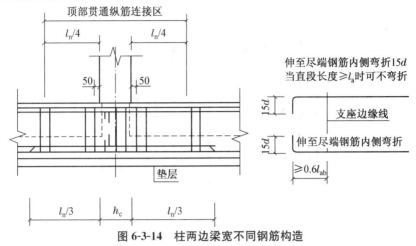

图 6-3-14　柱两边梁宽不同钢筋构造

（2）条形基础底板钢筋构造

① 条形基础交接处钢筋构造

条形基础交接处钢筋构造有四种:十字交接及转角梁板端部均有纵向延伸基础底板如图 6-3-15 所示;丁字交接基础底板如图 6-3-16 所示;无交接底板端部如图 6-3-17 所示;转角梁板端部无纵向延伸如图 6-3-18 所示。

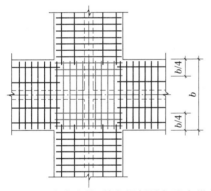

图 6-3-15　十字交接、转角梁板端部均有纵向
延伸基础底板钢筋构造

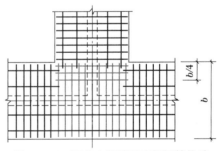

图 6-3-16　丁字交接基础底板钢筋构造

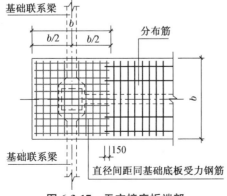

图 6-3-17　无交接底板端部

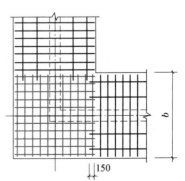

图 6-3-18　转角梁板端部无纵向延伸

② 条形基础底板配筋长度减短 10% 的钢筋构造,如图 6-3-19 所示。

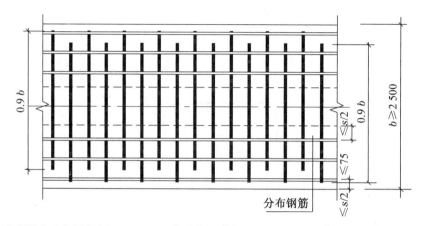

注:① 当条形基础底板宽度≥2 500 mm 时,底板配筋长度可按减少 10% 配置。但是在进入底板交
接区的受力钢筋和无交接底板端部的第一根钢筋不应减短。

② 图中 s 为分布钢筋的间距。

图 6-3-19 条形基础底板配筋长度减短 10% 的钢筋构造

③ 底板不平时底板钢筋构造,如图 6-3-20 所示。

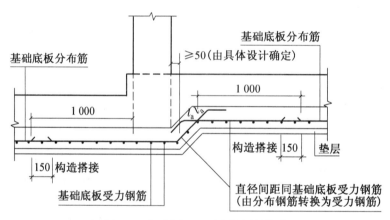

图 6-3-20 底板不平时底板钢筋构造

2. 条形基础钢筋图示长度计算

(1)基础梁钢筋图示长度计算

① 端部无外伸钢筋

底部、顶部贯通筋图示长度=梁长(含梁包柱侧腋)-2×保护层厚度+2×15d,从柱内侧起,伸入基础梁端部且水平段大于等于 0.6l_{ab}。

底部非贯通筋图示长度=$l_n/3$+h_c+50-保护层厚度+15d。

② 端部等截面、变截面外伸钢筋

底部贯通筋图示长度=梁长-2×保护层厚度+2×12d。

顶部上排贯通筋图示长度=梁长-2×保护层厚度+2×12d。

顶部下排贯通筋图示长度=柱内侧之间的距离+2l_a。

底部非贯通筋图示长度 $=\max(l_n/3,l'_n)+h_c+l'_n-$ 保护层厚度 $+15d$。

③ 梁底、梁顶有高差钢筋

此处钢筋长度主要由梁底高差坡度及 l_a 决定,注意 l_a 的起算位置。

④ 柱两边梁宽不同钢筋

根据具体尺寸宽出部分钢筋直段长度大于 l_a,伸至尽端直锚;弯锚取 $h_c-C+15d$。

中间底部非贯通筋图示长度 $=2l_n/3+l'_n$。

基础梁钢筋根数根据设计图纸得到,这里不再讲述;基础梁中的非贯通筋、架立筋、侧面构造筋、箍筋等,读者根据前面梁钢筋计算的学习,结合图集自行学习。

（2）条形基础底板钢筋图示长度计算

条形基础钢筋的图示长度 $=$ 边长 $-2×$ 保护层厚度。

条形基础钢筋总根数 $=[$ 分布范围 $-2×\min(75,0.5\,s)]/s+1$。

条形基础缩减钢筋图示长度 $=0.9×$ 边长。

条形基础缩减钢筋根数 $=[$ 分布范围 $-2×\min(75,0.5\,s)]/s-1$。

注:丁字形与十字形条形基础布进 1/4,L 形条形基础满布;条形基础分布筋扣梁宽,离基础梁边 50 mm 开始布置;条形基础分布筋长度伸入与它垂直相交条形基础内 150 mm;进入底板交接处的受力筋与无交接底板时,端部第一根钢筋不减短。

6.3.3　筏形基础钢筋构造与图示长度计算

筏形基础钢筋主要包括基础主梁、基础次梁、梁板式基础平板、柱下板带、跨中板带、平板式基础平板中的钢筋。基础主梁与次梁中钢筋的构造及计算与条形基础中的基础梁类似;柱下板带、跨中板带、平板式基础平板中的钢筋与梁板式基础平板中的钢筋构造及计算类似,所示此处只讲解梁板式基础平板中的钢筋构造及计算。

1. 梁板式筏形基础平板(LPB)钢筋构造

（1）端部无外伸钢筋构造,如图 6-3-21 所示。

（2）端部等截面外伸钢筋构造,如图 6-3-22 所示。

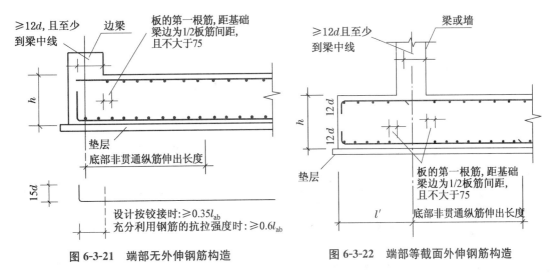

图 6-3-21　端部无外伸钢筋构造　　　　图 6-3-22　端部等截面外伸钢筋构造

（3）端部变截面外伸钢筋构造,如图 6-3-23 所示。

（4）变截面部位板底、板顶均有高差钢筋构造,如图 6-3-24 所示。

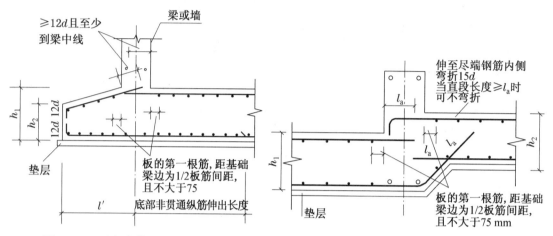

图 6-3-23　端部变截面外伸钢筋构造　　图 6-3-24　变截面板底、板顶均有高差钢筋构造

2. 梁板式筏形基础平板(LPB)钢筋图示长度计算

（1）端部无外伸钢筋图示长度计算

底部贯通筋图示长度＝筏板长度－2×保护层厚度＋2×15d。

顶部贯通筋图示长度＝筏板净跨长＋max(12d,h_c/2)×2。

根数＝[板净宽－2×min(75,板筋间距 s/2)]/间距 s＋1。

（2）端部等(变)截面外伸钢筋图示长度计算

底部(顶部)贯通筋图示长度＝筏板长度－2×保护层厚度＋弯折长度。

根数＝[板净宽－2×min(75,板筋间距 s/2)]/间距 s＋1。

弯折长度取值的三种情况如下:

① 弯钩交错封边

构造如图 6-3-25 所示。

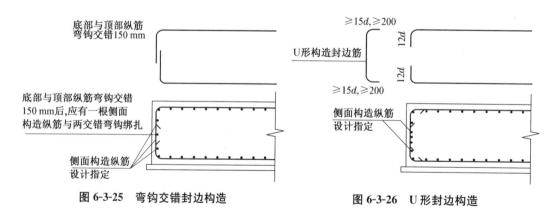

图 6-3-25　弯钩交错封边构造　　　　　图 6-3-26　U 形封边构造

弯折长度＝板厚/2－保护层厚度＋75。

② U 形封边

构造如图 6-3-26。

弯折长度＝12d。

U 形封边长度＝板厚－2×保护层厚度＋2×max(15d,200)。

U 形封边根数＝(边长－2×保护层厚度)/间距＋1。

③ 无封边,构造如图 6-3-27 所示。

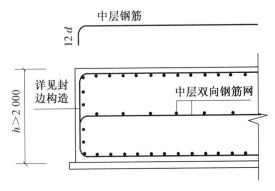

图 6-3-27　无封边构造

弯折长度＝12d。

中间钢筋网片长度＝筏板长度－2×保护层厚度＋2×12d。

中间钢筋网片根数＝[板净宽－2×min(75,板筋间距/2)]/间距＋1。

④ 变截面部位板底、板顶有高差钢筋计算

底跨筏板上部钢筋:锚固 l_a。

高跨筏板上部钢筋:直锚 l_a;弯锚,伸至尽端－保护层＋15d。

底跨筏板下部钢筋弯折长度＝高差值/sin45°(60°)＋l_a。

高跨筏板下部钢筋:锚固 l_a。

6.3.4　桩基钢筋构造与图示长度计算

桩基础中的钢筋我们可以概括为两个部分:桩的钢筋及桩基承台内的钢筋;

1. 桩基承台钢筋构造

(1)阶形截面钢筋构造如图 6-3-28 所示。

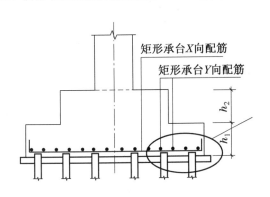

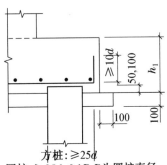

图 6-3-28　阶形截面钢筋构造

（2）单阶形截面钢筋构造如图 6-3-29 所示。

（3）坡形截面钢筋构造如图 6-3-30 所示。

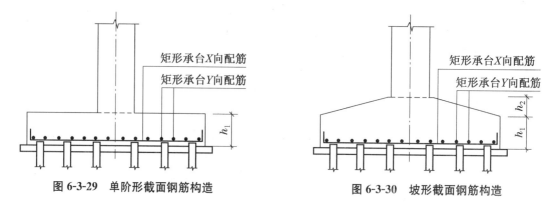

图 6-3-29　单阶形截面钢筋构造　　　　　图 6-3-30　坡形截面钢筋构造

（4）桩顶纵筋在承台内锚固构造如图 6-3-31 所示。

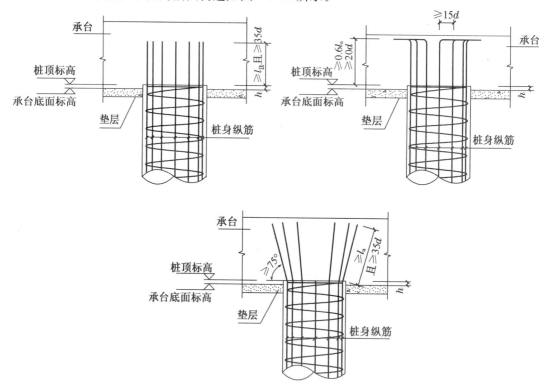

注：d 为桩内纵筋直径；h 为桩顶进入承台高度，桩径<800 时取 50，桩径≥800 时取 100。

图 6-3-31　桩顶纵筋在承台内锚固构造

（5）等边三桩承台钢筋构造如图 6-3-32 所示。

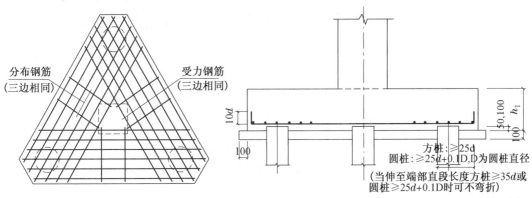

注：当桩径或桩截面边长＜800 mm 时，桩顶嵌入承台 50 mm；当桩径或桩截面边长≥800 mm 时，桩顶嵌入承台 100 mm。

图 6-3-32　等边三桩承台 CT$_J$ 钢筋构造

2. 桩基钢筋图示长度计算

（1）承台钢筋图示长度计算

承台钢筋水平图示长度＝$L-2×$保护层厚度（无弯钩）。

承台钢筋长度＝$L-2×$保护层厚度＋$2×10d$（有弯钩）。

桩顶钢筋在承台内锚固长度为 $\max(l_a,35d)$；在承台梁内锚固长度为 $\max(l_{aE},35d)$。

承台钢筋弯折，承台梁上、下纵筋弯折都为 $10d$。当承台上、下纵筋从桩顶内侧伸至端部直段长度大于 $35d$ 时不设弯折。桩内侧至承台梁边缘水平段长度必须满足 $25d$，圆桩满足 $25d+0.1d$（d 为圆桩直径）。承台钢筋不缩减。

一个方向的钢筋根数＝$[$边长$-2×\min(75,0.5s)]/s+1$。（s 表示钢筋之间的间距）

（2）桩受力钢筋计算

图示长度＝桩长＋垫层＋桩伸入承台的长度＋锚固长度－保护层厚度。

根数根据图示要求。

（3）内环定位钢筋计算（焊接）

圆环中心线半径＝桩半径－保护层厚度－受力钢筋直径－螺旋箍筋直径－内环定位钢筋半径。

图示长度＝$2×\pi×$圆环中心线半径。

根数根据图示要求。

（4）螺旋箍筋计算

螺旋箍筋开始与结束位置应有水平段长度不小于一圈半。

螺旋箍筋中心线半径 R＝桩半径－保护层－螺旋箍筋半径

图示长度＝$(1.5×2×\pi×R)×2+2×11.9×$螺旋箍筋直径＋（桩长/螺旋箍筋间距-1）$×\sqrt{(2\pi R)^2+s^2}$（s 表示螺旋箍筋间距）。

6.4 基础钢筋图示长度计算实例

1. 基础梁钢筋图示长度计算

【**例 6-4-1**】 某基础梁钢筋如图 6-4-1 所示,已知结构抗震等级为二级,保护层厚度为 30 mm,钢筋采用焊接。计算基础梁中钢筋的图示长度。

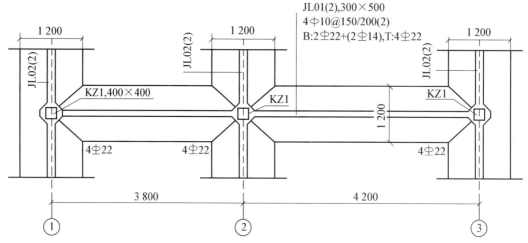

图 6-4-1 JL01 平法施工图

解:(1)底部贯通纵筋

图示长度=(3 800+4 200+200×2+50×2)-2×30+2×15×22=9 100 mm。

根数=2 根。

(2)顶部贯通纵筋

图示长度=(3 800+4 200+200×2+50×2)-2×30+2×15×22=9 100 mm。

根数=4 根。

(3)箍筋(梁包柱侧腋取 50 mm)

图示长度=(300+500)×2-8×30+2×11.9×10=1 598 mm。

第一跨箍筋根数:两端各 4 根。

中间根数=(3 800-200×2-50×2-150×3×2)/200-1=11(根)。

第一跨总根数=4×2+11=19(根)。

第二跨箍筋根数:两端各 4 根。

中间根数=(4 200-200×2-50×2-150×3×2)/200-1=13(根)。

第二跨总根数=4×2+13=21(根)。

节点内箍筋根数=400/150=3(根)。

箍筋总根数=19+21+3×3=49(根)。

(4)底部非贯通筋

第一跨左支座图示长度=(3 800-400)/3+400+50-30+15×22=1 883 mm。

第一跨左支座根数=2 根。

第二跨右支座图示长度＝(4 200－400)/3＋400＋50－30＋15×22＝2 017 mm。

第二跨右支座根数＝2 根。

中间柱下区域非贯通筋长度＝2×(4 200－400)/3＋400＝2 933 mm。

中间柱下区域非贯通筋根数＝2 根。

（5）底部架立筋

第一跨底部架立筋图示长度＝(3 800－400)－(3 800－400)/3－(4 200－400)/3＋2×150＝1 300 mm。

第二跨底部架立筋图示长度＝(4 200－400)－2×(4 200－400)/3＋2×150＝1 567 mm。

底部架立筋总长＝1 300＋1 567＝2 867 mm。

底部架立筋根数＝2 根。

2. 梁板式筏基平板(LPB)钢筋图示长度计算

【例6-4-2】 某梁板式筏基平板钢筋如图 6-4-2 所示,已知结构抗震等级为二级,保护层厚度为 30 mm,钢筋采用焊接。计算梁板式筏基平板中钢筋的图示长度。

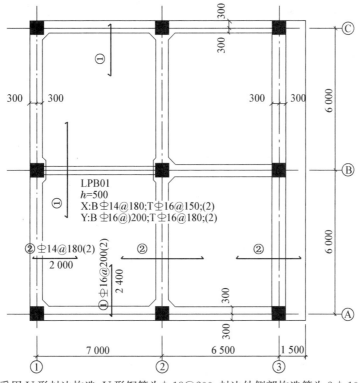

注:外伸端采用 U 形封边构造,U 形钢筋为Φ18@200,封边外侧部构造筋为 2Φ10。

图 6-4-2　LPB01 平法施工图

解:（1）X 向板底贯通筋Φ14@180。

图示长度＝7 000＋6 500＋1 500＋300－2×30＋15×14＋12×14＝15 618 mm。

起步距离取 max(s/2,75)。

根数＝[(6 000－300×2－75×2)/180＋1]×2＝61(根)。

（2）X 向板顶贯通筋Φ16@150

图示长度＝$7\,000+6\,500+1\,500-300+\max(12\times16,600/2)-30+12\times16=15\,162$ mm。

根数＝$[(6\,000-300-300-75\times2)/150+1]\times2=72$（根）。

（3）Y 向板底贯通筋Φ16@200

图示长度＝$6\,000\times2+300\times2-2\times30+2\times15\times16=13\,020$ mm。

根数＝$(7\,000-300\times2-75\times2)/200+1+(6\,500-300\times2-75\times2)/200+1+(1\,500-300-75\times2)/200+1=68.25$（根），取 69 根。

（4）Y 向板顶贯通筋Φ16@180

图示长度＝$6\,000\times2-300\times2+2\times\max(12\times16,600/2)=12\,000$ mm。

根数＝$(7\,000-300\times2-75\times2)/180+1+(6\,500-300\times2-75\times2)/180+1+(1\,500-300-75\times2)/180+1=75.5$（根），取 76 根。

（5）①轴板底部非贯通筋Φ14@180

图示长度＝$2\,000+300-30+15\times14=2\,480$ mm。

根数＝60 根（与板底部 X 向贯通纵筋规格相同，采用隔一布一，因此根数相同）。

（6）②轴板底部非贯通筋Φ14@180

图示长度＝$2\,000\times2=4\,000$ mm。

根数＝60 根。

（7）③轴板底部非贯通筋Φ14@180

图示长度＝$2\,000+1\,500-30+12\times14=3\,638$ mm。

根数＝60 根

（8）Ⓐ、Ⓒ轴板底部非贯通筋Φ16@200

图示长度＝$2\,400+300-30+15\times16=2\,910$ mm。

根数＝68 根。

（9）Ⓑ轴板底部非贯通筋Φ16@200

图示长度＝$2\,400\times2=4\,800$ mm。

根数＝68 根。

（10）U 形封边钢筋为Φ18@200

图示长度＝$500-30\times2+2\times\max(15\times18,200)=980$ mm。

根数＝$(6\,000\times2+300\times2-2\times30)/200+1=64$（根）。

（11）U 形封边侧部构造筋为 2Φ10

图示长度＝$6\,000\times2+300\times2-2\times30=12\,540$ mm。

根数＝2 根。

3. 桩基础钢筋图示长度计算

【例 6-4-3】 根据图 6-4-3 桩基础平法施工示意图，计算 CT_J01 的钢筋图示长度。

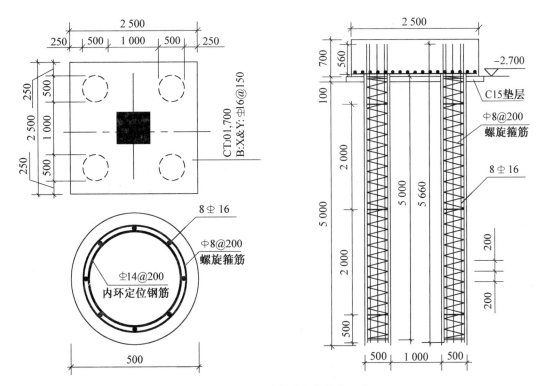

图 6-4-3　CT_J01 桩基础钢筋排布示意

解: 钢筋长度计算分两大步骤:第一步计算 CT_J01 的底板钢筋;第二步计算 φ500 灌注桩的钢筋。

1. 第一步,CT_J01 底板钢筋图示长度计算:

(1) 识读图纸信息。CT_J01 底板配筋为:X 和 Y 双向 $\oplus$16 间距 150 mm,X 向尺寸 2 500 mm,Y 向尺寸 2 500 mm,C30 混凝土,有垫层。

(2) 根据钢筋的排布规则及构造要求分析钢筋的排布范围。图 6-4-3 矩形承台 CT_J、CT_P 配筋构造圆桩:伸至端部直段长度≥25d+0.1D,D 为圆桩直径。当伸至端部直段长度≥35d+0.1D 时,不设弯钩。本例伸至端部直段长度为 500+250=750 mm>35d+0.1D=35×16+0.1×500=610 mm,不设弯钩。X=Y=2 500 mm。

(3) 计算 CT_J01 底板钢筋的长度。钢筋的混凝土保护层厚度取 40 mm。

X&Y 向受力钢筋($\oplus$16)图示长度 L_1=2 500−40(保护层厚度)×2=2 420 mm;

X&Y 向各方面根数 n=[(2 500−75×2)/150]+1=17(根)。

2. 第二步,φ500 灌注桩的钢筋图示长度计算

(1) 计算每根 φ500 灌注桩 8$\oplus$16 受力钢筋长度及根数。根据桩在承台内的连接,承台厚 700 mm,本例可直锚,取 35d=35×16=560 mm。根据图 6-4-3,图示长度 L_2=560(锚固长度)+50(桩伸入承台的长度)+100(垫层厚度)+5 000(桩长)−50(保护层厚度)=5 660 mm。每桩共 8 根。

(2) $\oplus$14@200 内环定位钢筋的图示长度计算。圆环中心线半径 R=500/2−50(保护层)−16−8−14/2=169 mm,图示长度 L_3=2×3.14×169=1 061.32 mm。每根桩 3 根,距

钢筋末端 500 mm 设置。

（3）计算中 8@200 螺旋箍筋的图示长度。螺旋箍筋距受力钢筋末端 50 mm 开始向上布置于垫层顶面结束，布筋范围 5 000 mm。其中心线的长度即为钢筋的长度，螺旋箍筋中心线半径 $R=500/2-50$(保护层厚度)$-8/2=196$ mm。

图示长度 $L_3=(1.5\times2\times3.14\times196)\times2$(上、下两个 1.5 周水平段)$+2\times11.9\times8$（2 个 135° 弯钩增长值）$+(5\,000/200-1)\times\sqrt{(2\times3.14\times196)^2+200^2}$（螺旋段长度）$=33\,811.59$ mm。

6.5　基础钢筋下料长度计算及翻样实例

前面的基础钢筋计算公式以及计算的图示尺寸是钢筋的外皮尺寸，而在钢筋实际施工下料时需要计算的是钢筋的下料长度，钢筋的下料长度是指钢筋的中心线长度，它和钢筋的外皮尺寸之间存在着量度差值，需要通过量度差值进行弯曲调整计算。钢筋的下料长度＝图示尺寸－量度差值。钢筋弯曲量度差值见第 1 章表 1-3-1。

注意在下料长度计算时需要根据实际情况考虑钢筋之间的位置关系。

1. 基础梁钢筋下料长度计算与翻样

【例 6-5-1】　根据【例 6-4-1】基础梁钢筋图示尺寸计算长度，试计算基础梁中钢筋的下料长度，并编制钢筋配料单。

解：（1）底部贯通纵筋

下料长度＝9 100－2 个 90° 量度差值＝9 100－2×2.08d

　　　　　＝9 100－2×2.08×22＝9 008.48 mm。

根数＝2(根)。

（2）顶部贯通纵筋

下料长度＝9 100－2 个 90° 量度差值－2×22＝9 100－2×2.08d－2×22

　　　　　＝9 100－2×2.08×22－2×22＝8 964.48 mm。

根数＝4(根)。

（3）箍筋（梁包柱侧腋取 50 mm）

下料长度＝1 598－3 个 90° 量度差值＝1 598－3×1.751d

　　　　　＝1 598－3×1.751×10＝1 545.47 mm。

第一跨箍筋根数：两端各 4 根。

中间根数＝(3 800－200×2－50×2－150×3×2)/200－1＝11(根)。

第一跨总根数＝4×2+11＝19(根)。

第二跨箍筋根数：两端各 4 根。

中间根数＝(4 200－200×2－50×2－150×3×2)/200－1＝13(根)。

第二跨总根数＝4×2+13＝21(根)。

节点内箍筋根数＝400/150＝3(根)。

箍筋总根数＝19+21+3×3＝49(根)。

（4）底部非贯通筋

第一跨左支座下料长度＝1 883－1 个 90°量度差值＝1 883－2.08d
　　　　　　　　　　＝1 883－2.08×22＝1 837.24 mm。

第一跨左支座根数＝2(根)。

第二跨右支座下料长度＝2 017－1 个 90°量度差值＝2 017－2.08d
　　　　　　　　　　＝2 017－2.08×22＝1 971.24 mm。

第二跨右支座根数＝2(根)。

中间柱下区域非贯通筋下料长度＝2 933 mm。

中间柱下区域非贯通筋根数＝2(根)。

(5) 底部架立筋

第一跨底部架立筋下料长度＝1 300 mm。

第二跨底部架立筋下料长度＝1 567 mm。

底部架立筋根数＝2 根。

(6) 基础梁 JL01 钢筋翻样,见表 6-5-1。

表 6-5-1　基础梁 JL01 钢筋配料单

序号	位置	规格	简图	单长/mm	总根数	总长/m	总重/kg
1	底部贯通纵筋	Φ22	330 ⌐ 330 / 8 440	9 008.48	2	18.02	53.80
2	顶部贯通纵筋	Φ22	8 440 / 330 ⌐ 330	8 964.48	4	35.86	106.90
3	箍筋	Φ10	240 ▢↗ / 440	1 545.47	49	75.73	46.73
4	第一跨左支座底部非贯通筋	Φ22	330 ⌐ / 1 553	1 837.24	2	3.67	10.94
5	第二跨右支座底部非贯通筋	Φ22	330 / 1 687	1 971.24	2	3.94	11.74
6	中间柱下区域非贯通筋	Φ22	2 933	2 933.00	2	5.87	17.49
7	底部架立筋	Φ14	1 300	1 300.00	2	2.60	3.15
8	底部架立筋	Φ14	1 567	1 567.00	2	3.13	3.79
合计：Φ22:195.17 kg,Φ14:6.94 kg,Φ10:46.73 kg							

2. 梁板式筏基平板(LPB)钢筋下料长度计算与翻样

【例 6-5-2】　根据【例 6-4-2】梁板式筏基平板(LPB)钢筋图示尺寸计算长度,试计算梁板式筏基平板(LPB)中钢筋的下料长度,并编制钢筋配料单。

解:(1) X 向板底贯通筋(Φ14@180)

长度 $= 15\,618 - 2$ 个 $90°$ 量度差值 $= 15\,618 - 2 \times 2.08d$

$\qquad = 15\,618 - 2 \times 2.08 \times 14 = 15\,559.76$ mm。

根数 $= 61$(根)。

(2) X 向板顶贯通筋(Φ16@150)

长度 $= 15\,162 - 1$ 个 $90°$ 量度差值 $= 15\,162 - 2.08d$

$\qquad = 15\,162 - 2.08 \times 16 = 15\,128.72$ mm。

根数 $= 72$(根)。

(3) Y 向板底贯通筋(Φ16@200)

长度 $= 13\,020 - 2$ 个 $90°$ 量度差值 $= 13\,020 - 2 \times 2.08d$

$\qquad = 13\,020 - 2 \times 2.08 \times 16 = 12\,953.44$ mm。

根数 $= 69$(根)。

(4) Y 向板顶贯通筋(Φ16@180)

长度 $= 12\,000$ mm。

根数 $= 76$(根)。

(5) ①轴板底部非贯通筋(Φ14@180)

长度 $= 2\,480 - 1$ 个 $90°$ 量度差值 $= 2\,480 - 2.08d$

$\qquad = 2\,480 - 2.08 \times 14 = 2\,450.88$ mm。

根数 $= 60$(根)。(与板底部 X 向贯通纵筋规格相同,采用隔一布一,因此根数相同)。

(6) ②轴板底部非贯通筋Φ14@180

长度 $= 4\,000$ mm。

根数 $= 60$(根)。

(7) ③轴板底部非贯通筋Φ14@180

长度 $= 3\,638 - 1$ 个 $90°$ 量度差值 $= 3\,638 - 2.08d$

$\qquad = 3\,638 - 2.08 \times 14 = 3\,608.88$ mm。

根数 $= 60$(根)。

(8) Ⓐ、Ⓒ轴板底部非贯通筋(Φ16@200)

长度 $= 2\,910 - 1$ 个 $90°$ 量度差值 $= 2\,910 - 2.08d$

$\qquad = 2\,910 - 2.08 \times 16 = 2\,876.72$ mm。

根数 $= 68$(根)。

(9) Ⓑ轴板底部非贯通筋(Φ16@200)

长度 $= 4\,800$ mm。

根数 $= 68$(根)。

(10) U 形封边钢筋(Φ18@200)

长度 $= 980 - 2$ 个 $90°$ 量度差值 $= 980 - 2 \times 2.08d$

$\qquad = 980 - 2 \times 2.08 \times 18 = 905.12$ mm。

根数 $= 64$(根)。

(11) U 形封边侧部构造筋(2Φ10)

长度 $= 12\,540$ mm。

根数＝2(根)。

(12) 梁板式筏基平板 LPB01 钢筋翻样,见表 6-5-2。

表 6-5-2　梁板式筏基平板 LPB01 钢筋配料单

序号	位置	规格	简图	单长/mm	总根数	总长/m	总重/kg
1	X 向板底贯通筋	Φ14	210 ⌐_____⌐ 168 ／15 240	15 559.76	61	949.15	1 148.47
2	X 向板顶贯通筋	Φ16	14 970 ⌐_____⌐ 192	15 128.72	72	1 089.27	1 721.05
3	Y 向板底贯通筋	Φ16	240 ⌐_____⌐ 240 ／12 540	12 953.44	69	893.79	1 412.19
4	Y 向板顶贯通筋	Φ16	_____ 12 000	12 000.00	76	912.00	1 440.96
5	①轴板底部非贯通筋	Φ14	210 ⌐____ 2 270	2 450.88	60	147.05	177.93
6	②轴板底部非贯通筋	Φ14	_____ 4 000	4 000.00	60	240.00	290.40
7	③轴板底部非贯通筋	Φ14	____⌐ 168 ／3 470	3 608.88	60	216.53	262.00
8	Ⓐ,Ⓒ轴板底部非贯通筋	Φ16	240 ⌐____ ____⌐ 240 ／2 670　2 670	2 876.72	68	195.62	309.08
9	Ⓑ轴板底部非贯通筋	Φ16	_____ 4 800	4 800.00	68	326.40	515.71
10	U 形封边钢筋	Φ18	270 ⌐____ 440 ／270	905.12	64	57.93	115.86
11	U 形封边侧部构造筋	Φ10	_____ 12 540	12 540.00	2	25.08	15.47

合计:Φ18:115.86 kg,Φ16:5 398.99 kg,Φ14:1 878.80 kg,Φ10:15.47 kg

3. 桩基础钢筋下料长度计算与翻样

【例 6-5-3】　根据【例 6-4-3】桩基础的钢筋图示尺寸计算长度,试计算桩基础中钢筋的下料长度,并编制钢筋配料单。

解:此桩基础钢筋的下料长度计算只有内环定位钢筋的下料长度与图示尺寸不同,所以只列出不同点,其他同【例 6-4-3】。

(1) Φ14@200 内环定位钢筋的下料计算。内环定位钢筋为焊接圆环,其中心线的长度即为钢筋的下料长度。圆环中心线半径 $R=500/2-50$(保护层厚度)$-16-8-14/2=$

169 mm,下料长度 $L_3 = 2 \times 3.14 \times 169 + 5d$(双面搭接焊)$= 1\ 131.32$ mm。每根桩 3 根,距钢筋末端 500 mm 设置。

（2）桩基础 CT_J01 钢筋翻样,见表 6-5-3。

表 6-5-3　桩基础 CT_J01 钢筋配料单

序号	位置	规格	简图	单长/mm	总根数	总长/m	总重/kg
1	底板受力钢筋	$\Phi16$	⎯⎯⎯⎯ 2420	2 420	17	41.14	65.00
2	灌注桩受力钢筋	$\Phi16$	｜5 660	5 660	32	181.12	286.17
3	灌注桩内环定位钢筋	$\Phi14$	◯	1 131	12	13.57	16.42
4	灌注桩螺旋箍筋	$\Phi8$		33 812	4	135.25	53.42
合计:$\Phi16$:351.17 kg,$\Phi14$:16.42 kg,$\Phi8$:53.42 kg							

技能训练　独立基础钢筋下料长度计算与翻样

1. 训练目的

通过基础钢筋工程量计算实例的练习,熟悉基础结构施工图,掌握基础钢筋的计算与翻样。

2. 项目任务

根据图 6-5-1 给定的独立基础的结构图,计算以下工程量:

（1）基础内钢筋长度计算;

（2）编制钢筋配料单,并制作安装基础钢筋。

3. 项目背景

图为某独立基础结构布置图,图中基础垫层混凝土强度等级为 C15,其他为 C30,保护层厚度为 40 mm。

4. 项目实施

（1）将学生分成 5 人一组;

（2）根据施工图设计文件和 16G101-3 图集,识读独立基础钢筋图纸,计算独立基础中钢筋的图示长度和下料长度,编制钢筋配料单;

（3）加工制作基础钢筋。

5. 训练要求

（1）加工钢筋时严格按照操作规程,注意安全。

（2）学生应在教师指导下,独立认真地完成各项内容。

（3）钢筋计算应正确,完整,无丢落、重复现象。

（4）提交统一规定的钢筋配料单。

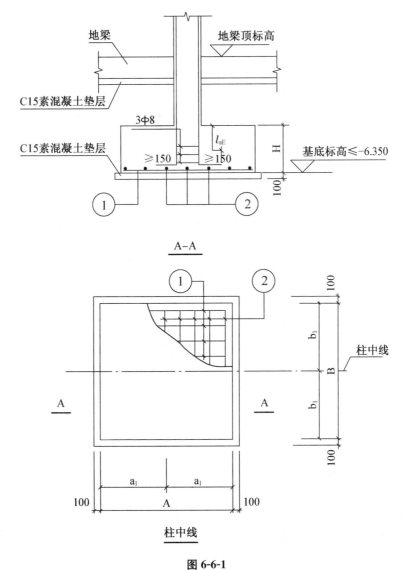

图 6-6-1

表 6-6-1

基础编号	A	B	H	a_1	b_1	h_1	钢筋	
	(mm)	(mm)	(mm)	(mm)	(mm)	(mm)	①	②
JC-1	2 200	2 200	550	1 100	1 100	150	Φ16@150	Φ16@150

第7章 剪力墙钢筋计算与翻样

学习目的:1. 了解剪力墙中钢筋的类型;

2. 掌握剪力墙钢筋的平法识图;

3. 掌握剪力墙中墙柱、墙身以及墙梁钢筋的构造要求;

4. 掌握剪力墙钢筋的计算与翻样。

教学时间:14 学时

教学过程/教学内容/参考学时:

教学过程	教学内容	参考学时
7.1 剪力墙概述	剪力墙的组成	1
	剪力墙的钢筋骨架	
7.2 钢筋混凝土剪力墙平法识图	剪力墙列表注写方式	4
	剪力墙截面注写方式	
	剪力墙洞口表示方法	
	地下室外墙的表示方法	
7.3 剪力墙钢筋构造与图示长度计算	剪力墙墙身钢筋构造与图示长度计算	6
	剪力墙墙柱钢筋构造与图示长度计算	
	剪力墙墙梁钢筋构造与图示长度计算	
	剪力墙拉筋配筋构造	
	剪力墙洞口钢筋配筋构造	
7.4 剪力墙钢筋图示长度计算实例	剪力墙图示长度计算实例	2
	约束边缘端柱图示长度计算实例	
	顶层连梁图示长度计算实例	
7.5 柱钢筋下料长度计算与计算实例	实例计算	1
共计		**14**

7.1　剪力墙概述

剪力墙又称为抗风墙、抗震墙,是建造结构中主要承受风荷载或地震作用引起的水平荷载和竖向荷载(重力)的墙体,防止结构剪切(受剪)破坏。

7.1.1　剪力墙的组成

剪力墙结构不是一个独立的构件,包括"一墙、二柱、三梁",即一种墙身、两种墙柱(端柱、暗柱)、三种墙梁(连梁、暗梁、边框梁)。如图 7-1-1 所示。

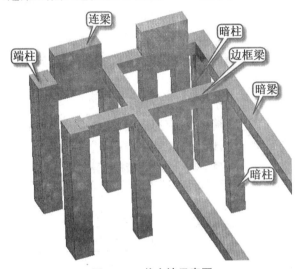

图 7-1-1　剪力墙示意图

7.1.2　剪力墙的钢筋分类

剪力墙中的钢筋主要有墙身钢筋、墙柱钢筋和墙梁钢筋,其钢筋分类如图 7-1-2 所示。

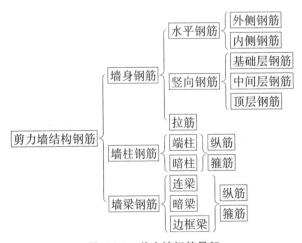

图 7-1-2　剪力墙钢筋骨架

7.2 钢筋混凝土剪力墙平法识图

平法将剪力墙分为剪力墙柱、剪力墙身和剪力墙梁三类构件分别表达。剪力墙平法标注分为列表注写方式和截面注写方式两种。

7.2.1 剪力墙列表注写方式

列表注写方式系分别在剪力墙柱表、剪力墙身表和剪力墙梁表中,对应于剪力墙平面布置图上的编号,用绘制截面配筋图并注写几何尺寸与配筋具体数值的方式,来表达剪力墙平法施工图。

1. 剪力墙编号

剪力墙按剪力墙柱、剪力墙身、剪力墙梁(简称墙柱、墙身、墙梁)分别编号。

(1)墙柱编号

墙柱编号由墙柱类型代号和序号组成,规定见表7-2-1。

约束边缘构件包括约束边缘暗柱、约束边缘端柱、约束边缘翼墙、约束边缘转角墙四种。构造边缘构件包括构造边缘暗柱、构造边缘端柱、构造边缘翼墙、构造边缘转角墙四种。

表 7-2-1 剪力墙墙柱编号表

墙柱类型	代号	序号	墙柱类型	代号	序号
约束边缘构件	YBZ	××	非边缘暗柱	AZ	××
构造边缘构件	GBZ	××	扶壁柱	FBZ	××

① 约束边缘构件,如图7-2-1所示。

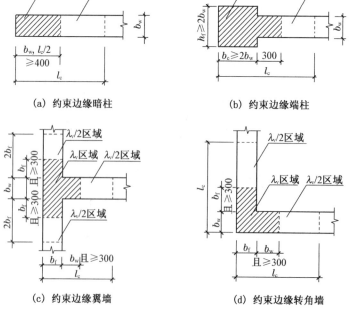

(a) 约束边缘暗柱　　　　　　　(b) 约束边缘端柱

(c) 约束边缘翼墙　　　　　　　(d) 约束边缘转角墙

图 7-2-1 约束边缘构件

② 构造边缘构件,如图 7-2-2 所示。

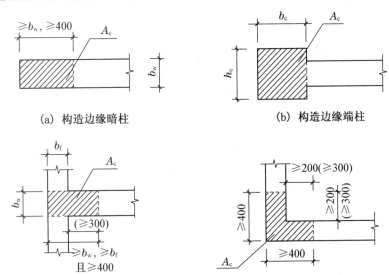

(a) 构造边缘暗柱　　　　　　　　　(b) 构造边缘端柱

(c) 构造边缘翼墙　　　　　　　　　(d) 构造边缘转角墙

(括号中数值用于高层建筑)

图 7-2-2　构造边缘构件

（2）墙身编号

墙身编号由墙身代号、序号以及墙身所配置的水平与竖向分布钢筋的排数组成,其中排数注写在括号内。表达形式为:Q××(×排),见表 7-2-2。

表 7-2-2　剪力墙墙身表

编号	标高	墙厚	水平分布筋	垂直分布筋	拉筋(矩形)
Q1	−0.030～30.270	300	⏀12@200	⏀12@200	Φ6@600@600
	30.270～59.070	250	⏀10@200	⏀10@200	Φ6@600@600
Q2	−0.030～30.270	250	⏀10@200	⏀10@200	Φ6@600@600
	30.270～59.070	200	⏀10@200	⏀10@200	Φ6@600@600

在平法图集中对墙身编号有以下规定:

1) 在编号中,如若干墙柱的截面尺寸与配筋均相同,仅截面与轴线的关系不同时,可将其编为同一墙柱号;如若干墙身的厚度尺寸和配筋均相同,仅墙厚与轴线的关系不同或墙身长度不同时,也可将其编为同一墙身号,但应在图中注明与轴线的几何关系。

2) 当墙身所设置的水平与竖向分布钢筋的排数为 2 时可不注。

3) 对于分布钢筋网的排数规定如下:

① 非抗震:当剪力墙厚度大于 160 mm 时,应配置双排;当厚度不大于 160 mm 时,宜配置双排。

② 抗震:当剪力墙厚度不大于 400 mm 时,应配置双排;当剪力墙厚度大于 400 mm 但不大于 700 mm 时,宜配置三排;当剪力墙厚度大于 700 mm 时,宜配置四排。

4) 各排水平分布钢筋和竖向分布钢筋的直径与间距宜保持一致。

5）当剪力墙配置的分布钢筋多于两排时,剪力墙拉筋两端应同时勾住外排水平纵筋和竖向纵筋,还应与剪力墙内排水平纵筋和竖向纵筋绑扎在一起。

（3）墙梁编号

剪力墙墙梁编号由墙梁类型代号和序号组成,表达形式见表7-2-3。

表 7-2-3　剪力墙墙梁编号表

墙梁类型	代号	序号
连梁	LL	××
连梁（对角暗撑配筋）	LL(JC)	××
连梁（交叉斜筋配筋）	LL(JX)	××
连梁（集中对角斜筋配筋）	LL(DX)	××
连梁（跨高比不小于5）	LLk	××
暗梁	AL	××
边框梁	BKL	××

注:跨高比不小于5的连梁按框架梁设计时,代号为LLk。

2. 剪力墙列表注写方式示例

根据图7-2-3给定的剪力墙结构施工图,对其墙柱、墙身和墙梁进行列表注写。

层号	标高/m	层高/m
屋面2	65.670	
塔层2	62.370	3.30
屋面1（塔层1）	59.070	3.30
16	55.470	3.60
15	51.870	3.60
14	48.270	3.60
13	44.670	3.60
12	41.670	3.60
11	37.470	3.60
10	33.870	3.60
9	30.270	3.60
8	26.670	3.60
7	23.070	3.60
6	19.470	3.60
5	15.870	3.60
4	12.270	3.60
3	8.670	3.60
2	4.430	4.20
1	−0.030	4.50
−1	−4.530	4.50
−2	−9.030	4.50

结构层楼面标高
结构层高

底部加强部位

上部结构嵌固部位：−0.030。

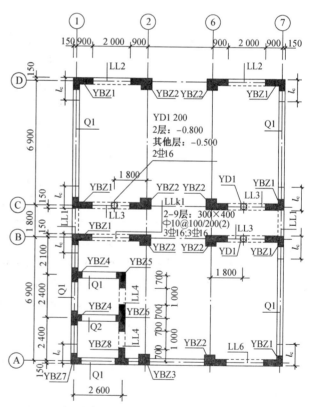

注:约束性墙柱布置在底部加强部位及以上一层墙肢中。

图 7-2-3　−0.030～12.270 剪力墙平法施工图（部分）

（1）墙柱表

① 标注墙柱编号,绘制墙柱的截面配筋图,标注墙柱几何尺寸。

② 注写各段墙柱的起止标高,自墙柱根部往上以变截面位置或截面未变但配筋改变处为界分段注写。墙柱根部标高系指基础顶面标高(部分框支剪力墙结构则为框支梁顶面标高)。

③ 注写各段墙柱的纵向钢筋和箍筋,注写值应与在表中绘制的截面配筋图对应一致。纵向钢筋注总配筋值;墙柱箍筋的注写方式与柱箍筋相同。

④ 约束边缘构件除注写阴影部位的箍筋外,尚需在剪力墙平面布置图中注写非阴影区内布置的拉筋(或箍筋)。

⑤ 墙柱列表见表 7-2-4。

表 7-2-4 墙柱表

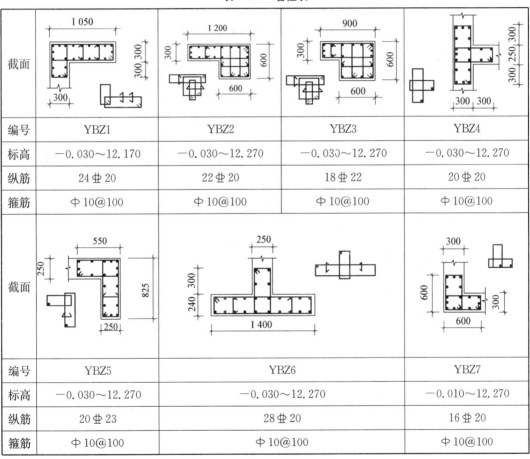

截面				
编号	YBZ1	YBZ2	YBZ3	YBZ4
标高	−0.030～12.170	−0.030～12.270	−0.030～12.270	−0.030～12.270
纵筋	24⾦20	22⾦20	18⾦22	20⾦20
箍筋	Φ10@100	Φ10@100	Φ10@100	Φ10@100

截面			
编号	YBZ5	YBZ6	YBZ7
标高	−0.030～12.270	−0.030～12.270	−0.010～12.270
纵筋	20⾦23	28⾦20	16⾦20
箍筋	Φ10@100	Φ10@100	Φ10@100

（2）墙身表

① 标注墙身编号(含水平与竖向钢筋的排数)。

② 标注各段墙身起止标高,自墙身根部往上以变截面位置或截面未变但配筋改变处为界分段标注。墙身根部标高一般指基础顶面标高(部分框支剪力墙结构则为框支梁的顶面标高)。

③ 标注水平分布钢筋、竖向分布钢筋和拉筋的具体数值。标注数值为一排水平分布钢筋和竖向分布钢筋的规格与间距,具体设置几排已经在墙身编号后面表达。

④ 拉筋应注明布置方式“双向”或“梅花双向”,双向拉筋与梅花双向拉筋示意图如图

7-2-4 所示。

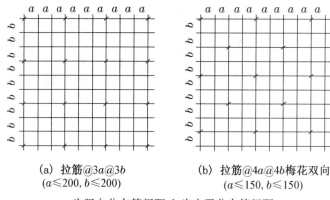

(a) 拉筋@3a@3b
($a \leqslant 200, b \leqslant 200$)

(b) 拉筋@4a@4b梅花双向
($a \leqslant 150, b \leqslant 150$)

a 为竖向分布筋间距;b 为水平分布筋间距

图 7-2-4　双向拉筋与梅花双向拉筋示意图

⑤ 墙身列表见表 7-2-5。

表 7-2-5　墙身表

编号	标高/m	墙厚/mm	水平分布筋	垂直分布筋	拉筋(双向)
Q1	−0.050～30.270	300	⏀10@200	⏀10@200	Φ6@600@600
	30.270～59.070	250	⏀10@200	⏀10@200	Φ6@600@600

（3）墙梁表

① 注写墙梁编号。

② 注写墙梁所在楼层号。

③ 注写墙梁顶面标高高差。梁顶面标高高差系指相对于墙梁所在结构层楼面标高的高差值,高于结构层楼面标高值为正,低于结构层楼面标高为负值,无高差时不注。

④ 注写墙梁截面尺寸 $b \times h$,上部纵筋、下部纵筋和箍筋的具体数值。

⑤ 墙梁列表见表 7-2-6。

表 7-2-6　墙梁表

编号	所在楼层号	梁顶相对标高高差	梁截面 $b \times h$	上部纵筋	下部纵筋	箍筋
LL1	2～9	0.800	300×2 000	4⏀25	4⏀25	Φ10@100(2)
	10～16	0.800	250×2 000	4⏀22	4⏀22	Φ10@100(2)
	屋面 1		250×1 200	4⏀20	4⏀20	Φ10@100(2)
LL2	3	−1.200	300×2 520	4⏀25	4⏀25	Φ10@150(2)
	4	−0.900	300×2 070	4⏀25	4⏀25	Φ10@150(2)
	5～9	−0.900	300×1 770	4⏀25	4⏀25	Φ10@150(2)
	10～屋面 1	−0.900	250×1 770	4⏀22	4⏀22	Φ10@150(2)

编号	所在楼层号	梁顶相对标高高差	梁截面 $b \times h$	上部纵筋	下部纵筋	箍筋
LL3	2		300×2 070	4 Φ 25	4 Φ 25	Φ 10@100(2)
	3		300×1 770	4 Φ 25	4 Φ 25	Φ 10@100(2)
	4～9		300×1 170	4 Φ 25	4 Φ 25	Φ 10@100(2)
	10～屋面 1		250×1 170	4 Φ 22	4 Φ 22	Φ 10@100(2)
LL4	2		250×2 070	4 Φ 20	4 Φ 20	Φ 10@120(2)
	3		250×1 770	4 Φ 20	4 Φ 20	Φ 10@120(2)
	4～屋面 1		250×1 170	4 Φ 20	4 Φ 20	Φ 10@120(2)

7.2.2　剪力墙截面注写方式

截面标注方式是指在分标准层绘制的剪力墙平面布置图上，以直接在墙柱、墙身、墙梁上标注截面尺寸和配筋具体数值的方式来表达剪力墙平法施工图。选用适当比例原位放大绘制剪力墙平面布置图，其中对墙柱绘制配筋截面图；对所有墙柱、墙身、墙梁分别进行编号，并在相同编号的墙柱、墙身、墙梁中选择一根墙柱、一道墙身、一根墙梁进行标注。剪力墙截面注写方式如图 7-2-5 所示。

层面	标高/m	层高/m
屋面 2	65.670	
屋面 2	62.370	3.30
屋面 1 塔层 1	59.070	3.30
16	55.470	3.60
15	51.870	3.60
14	48.270	3.60
13	44.670	3.60
12	41.070	3.60
11	37.470	3.60
10	33.870	3.60
9	30.270	3.60
8	26.670	3.60
7	23.070	3.60
6	19.470	3.60
5	15.870	3.60
4	12.270	3.60
3	8.670	3.60
2	4.470	4.20
1	−0.030	4.50
−1	−4.530	4.50
−2	−9.030	4.50

底部加强部位

结构层楼面标高
（上部结构嵌固部位：−0.030）

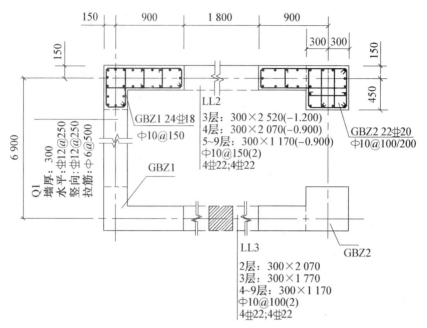

图 7-2-5　12.270～30.270 剪力墙平法施工图(部分)

（1）从相同编号的墙柱中选择一个截面，注明几何尺寸，标注全部纵筋及箍筋的具体数值。

（2）从相同编号的墙身中选择一道墙身，按顺序引注的内容为：墙身编号（应包括注写在括号内墙身所配置的水平与竖向分布钢筋的排数）、墙厚尺寸，水平分布钢筋、竖向分布钢筋和拉筋的具体数值。

（3）从相同编号的墙梁中选择一根墙梁，按顺序引注的内容如下。

① 注写墙梁编号，墙梁截面尺寸 $b×h$，墙梁箍筋、上部纵筋、下部纵筋和墙梁顶面标高高差的具体数值。

② 跨高比不小于 5 的连梁，按框架设计时（代号为 LLk××），采用平面注写方式，注写规则同框架梁，可采用适当比例单独绘制，也可与剪力墙平法施工图合并绘制。

（4）当墙身水平分布钢筋不能满足连梁、暗梁及边框梁的梁侧面纵向构造钢筋的要求时，应补充注明梁侧面纵筋的具体数值；标注时，以大写字母 N 打头，其后标注直径与间距，其在支座内的锚固要求同连梁中受力钢筋。

【例 7-2-1】　N ⽥ 10@150，表示墙梁两个侧面纵筋对称配置：HRB400 级钢筋，直径 10 mm，间距为 150 mm。

7.2.3　剪力墙洞口表示方法

无论采用列表注写方式还是截面注写方式，剪力墙上的洞口均可在剪力墙平面布置图上原位表达。洞口的具体表达方法如下：

（1）在剪力墙平面布置图上绘制洞口示意，并标注洞口中心的平面定位尺寸。

（2）在洞口中心位置引注：洞口编号、洞口几何尺寸、洞口中心相对标高、洞口每边补强钢筋共四项内容。

1）洞口编号：矩形洞口为 JD××，圆形洞口为 YD××，其中×× 为序号。

2）洞口几何尺寸：矩形洞口为洞口宽度×洞口高度（$b×h$），圆形洞口为洞口直径 D。

3）洞口中心相对标高：相对于结构层楼（地）面标高的洞口中心高度。高于结构层楼（地）面时为正值，低于结构层楼（地）面时为负值。

4）洞口每边补强钢筋，分以下几种不同情况：

① 当矩形洞口的宽、高均不大于 800 mm 时，此项注写为洞口每边补强钢筋的具体数值。当洞宽、洞高方向补强钢筋不一致时，分别注写洞宽方向、洞高方向补强钢筋，以"/"分隔。例如：

a. JD2 400×300＋3.100，3 ⏀ 14，表示 2 号矩形洞口，洞宽 400 mm，洞口中心距本结构层楼面 3 100 mm，洞宽每边补强钢筋为 3 ⏀ 14。

b. JD3 400×300＋3.100，表示 3 号矩形洞口，洞口宽度 400 mm，洞口高度 300 mm，洞口中心距本结构层楼面 3 100 mm，洞口两边补强钢筋按构造配置。

c. JD4 600×300＋3.100，3 ⏀ 18/3 ⏀ 14，表示 4 号矩形洞口，洞宽 600 mm，洞高 300 mm，洞口中心距本结构层楼面 3 100 mm，洞宽方向补强钢筋为 3 ⏀ 18，洞高方向补强钢筋为 3 ⏀ 14。

② 当矩形或圆形洞口的洞宽或直径大于 800 mm 时，在洞口的上、下需设置补强暗梁，此项注写为洞口上、下每边暗梁的纵筋和箍筋的具体数值（在标准构造详图中，补强暗梁高一律定为 400 mm，施工时按标准构造详图取值，设计者不注。当设计者采用与该标准构造详图不同的做法时，应另行注明），圆形洞口尚需注明环向加强钢筋的具体数值；当洞口上下边为剪力墙连梁时，此项免注。洞口竖向两侧设置边缘构件时，不在此项表达（当洞口两侧不设置边缘构件时，设计者应给出具体做法）。例如：

a. JD5 1 800×2 100＋1.800，6 ⏀ 20，⏀ 8@150，表示 5 号矩形洞口，宽 1 800 mm，高 2 100 mm，洞口中心距本结构层楼面 1 800 mm，洞口上、下边设补强暗梁，每边暗梁纵筋为 6 ⏀ 20，箍筋为⏀ 8@150。

b. YD5 1 000＋1.800，6 ⏀ 20，⏀ 8@150，2 ⏀ 16，表示 5 号圆形洞口，直径 1 000 mm，洞口中心距本结构层楼面 1 800 mm，洞口上、下边设补强暗梁，每边暗梁纵筋为 6 ⏀ 20，箍筋为⏀ 8@150，环向加强钢筋 2 ⏀ 16。

③ 当圆形洞口设置在连梁中部 1/3 范围（且圆洞直径不应大于 1/3 梁高）时，需注写在圆洞上、下水平设置的每边补强纵筋与箍筋。

④ 当圆形洞口设置在墙身、暗梁、边框梁位置，且洞口直径不大于 300 mm 时，此项注写为洞口上、下、左、右每边布置的补强纵筋的具体数值。

⑤ 当圆形洞口直径大于 300 mm，但不大于 800 mm 时，其加强钢筋在标准构造详图中系按照圆外切正六边形的边长方向布置，仅需注写正六边形一边补强钢筋的具体数值。例如：

YD5 600＋1.800，2 ⏀ 20，2 ⏀ 16，表示 5 号圆形洞口，直径 600，洞口中心距本结构层楼面 1 800 mm，洞口每边补强钢筋为 2 ⏀ 20，环向加强钢筋 2 ⏀ 16。

7.2.4　地下室外墙的表示方法

16G101‐1 地下室外墙仅适用于起挡土作用的地下室外围护墙。地下室外墙中墙柱、连梁及洞口等的表示方法同地上剪力墙。

1. 地下室外墙平面注写方式

地下室外墙平面注写方式,包括集中标注墙体编号、厚度、贯通筋、拉筋等和原位标注附加非贯通筋等两部分内容。当仅设置贯通筋,未设置附加非贯通筋时,则仅做集中标注。

(1) 地下室外墙的集中标注,规定如下:

1) 注写地下室外墙编号,包括代号、序号、墙身长度,表达为 DWQ××(××～××轴)。

如:DWQ1(①～⑥)。

2) 注写地下室外墙厚度 b_w =×××。

3) 注写地下室外墙的外侧、内侧贯通筋和拉筋。

① 以 OS 代表外墙外侧贯通筋。其中,外侧水平贯通筋以 H 打头注写,外侧竖向贯通筋以 V 打头注写。

② 以 IS 代表外墙内侧贯通筋。其中,内侧水平贯通筋以 H 打头注写,内侧竖向贯通筋以 V 打头注写。

③ 以 tb 打头注写拉结筋直径、强度等级及间距,并注明"矩形"或"梅花"。

【例 7-2-2】 DWQ2(①～⑥),b_s =300

OS:H ⊕ 18@200,V ⊕ 20@200

IS:H ⊕ 16@200,V ⊕ 18@200

tb Φ 6@400@400 矩形

表示 2 号外墙,长度范围为①～⑥之间,墙厚为 300;外侧水平贯通筋为⊕18@200,竖向贯通筋为⊕20@200;内侧水平贯通筋为⊕16@200,竖向贯通筋为⊕18@200;拉结筋为Φ6,矩形布置,水平间距为 400,竖向间距为 400。

(2) 地下室外墙的集中标注,主要表示在外墙外侧配置的水平非贯通筋或竖向非贯通筋。

① 当配置水平非贯通筋时,在地下室墙体平面图上原位标注。在地下室外墙外侧绘制粗实线段代表水平非贯通筋,在其上注写钢筋编号并以 H 打头注写钢筋强度等级、直径、分布间距,以及自支座中线向两边跨内的伸出长度值。当自支座中线向两侧对称伸出时,可仅在单侧标注跨内伸出长度,另一侧不注,此种情况下非贯通筋总长度为标注长度的 2 倍。边支座处非贯通钢筋的伸出长度值从支座外边缘算起。

② 地下室外墙外侧非贯通筋通常采用"隔一布一"方式与集中标注的贯通筋间隔布置,其标注间距应与贯通筋相同,两者组合后的实际分布间距为各自标注间距的 1/2。

③ 当在地下室外墙外侧底部、顶部、中层楼板位置配置竖向非贯通筋时,应补充绘制地下室外墙竖向剖面图并在其上原位标注。表示方法为在地下室外墙竖向剖面图外侧绘制粗实线段代表竖向非贯通筋,在其上注写钢筋编号并以 V 打头注写钢筋强度等级、直径、分布间距,以及向上(下)层的伸出长度值,并在外墙竖向剖面图名下注明分布范围(××～××轴)。

④ 地下室外墙外侧水平、竖向非贯通筋配置相同者,可仅选择一处注写,其他可仅注写编号。

⑤ 当在地下室外墙顶部设置水平通长加强钢筋时应注明。

（3）地下室外墙平法施工图平面注写示例，如图 7-2-6 所示。

层号	标高（m）	层高（m）
屋面	65.670	
塔层 2	62.370	3.30
屋面 1（塔层 1）	59.070	3.30
16	55.470	3.60
15	51.870	3.60
14	48.270	3.60
13	44.670	3.60
12	41.070	3.60
11	37.470	3.60
10	33.870	3.60
9	30.270	3.60
8	26.670	3.60
7	23.070	3.60
6	19.470	3.60
5	15.870	3.60
4	12.270	3.60
3	8.670	3.60
2	4.470	4.20
1	−0.030	4.50
−1	−4.530	4.50
−2	−9.030	4.50

结构层楼面标高
结构层高
上部结构嵌固部位−0.030

图 7-2-6　地下室外墙平法施工图平面注写

7.3　剪力墙钢筋构造与图示长度计算

7.3.1　剪力墙墙身钢筋构造与图示长度计算

剪力墙墙身钢筋包括水平钢筋、竖向钢筋和拉筋等。如图 7-3-1 所示。

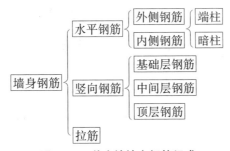

图 7-3-1　剪力墙墙身钢筋组成

1. 剪力墙墙身水平分布钢筋配筋构造

（1）剪力墙墙身水平分布钢筋多排配筋构造，如图 7-3-2 所示。

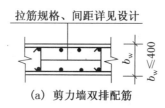

(a) 剪力墙双排配筋

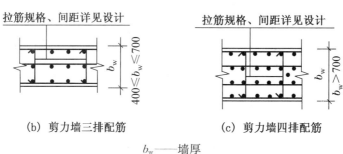

(b) 剪力墙三排配筋　　　　(c) 剪力墙四排配筋

b_w——墙厚

图 7-3-2　剪力墙多排配筋构造

（2）水平钢筋的搭接构造如图 7-3-3 所示，沿高度方向每隔一根错开搭接。

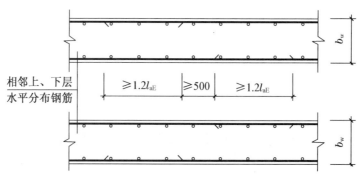

图 7-3-3　剪力墙水平分布钢筋交错搭接

（3）端部无暗柱时剪力墙水平钢筋端部构造如图 7-3-4 所示。

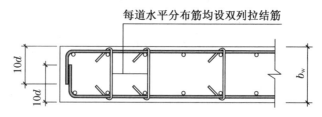

图 7-3-4　端部无暗柱时剪力墙水平分布钢筋端部构造

（4）有暗柱时剪力墙水平钢筋端部构造如图 7-3-5 所示。

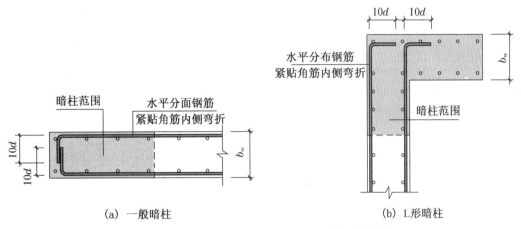

（a）一般暗柱　　　　　　　　　　（b）L 形暗柱

图 7-3-5　有暗柱时剪力墙水平分布钢筋端部构造

（5）水平分布钢筋在翼墙中的构造如图 7-3-6 所示。

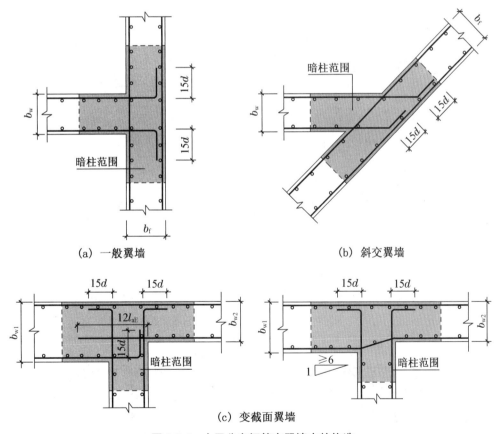

（a）一般翼墙　　　　　　　　　　（b）斜交翼墙

（c）变截面翼墙

图 7-3-6　水平分布钢筋在翼墙中的构造

（6）水平钢筋在转角墙中的构造如图 7-3-7 所示。

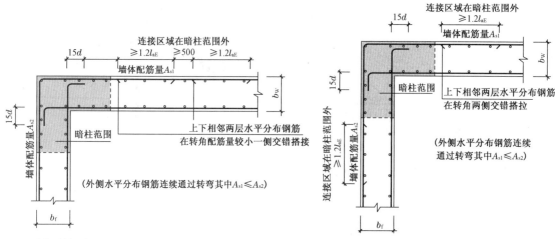

（a）外侧水平分布钢筋连续通过转弯 $A_{s1} \leqslant A_{s2}$ （b）外侧水平分布钢筋连续通过转弯 $A_{s1}=A_{s2}$

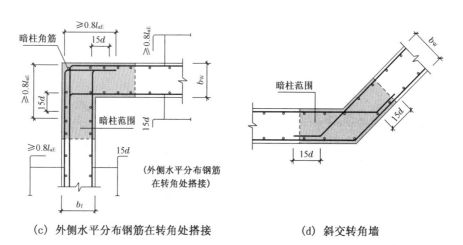

（c）外侧水平分布钢筋在转角处搭接   （d）斜交转角墙

图 7-3-7　水平钢筋在转角墙中的构造

（7）水平钢筋在端柱中的构造

1）在端柱端部墙中的构造如图 7-3-8 所示。

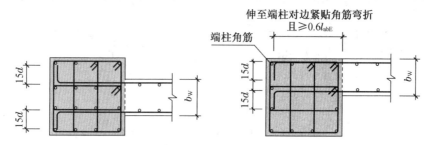

图 7-3-8　水平钢筋在端部墙端柱中的构造

2）在翼墙端柱中的构造如图 7-3-9 所示。

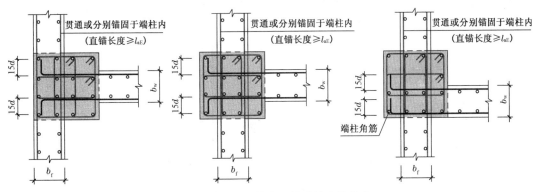

图 7-3-9　水平钢筋在翼墙端柱中的构造

3）在转角墙端柱中的构造如图 7-3-10 所示。

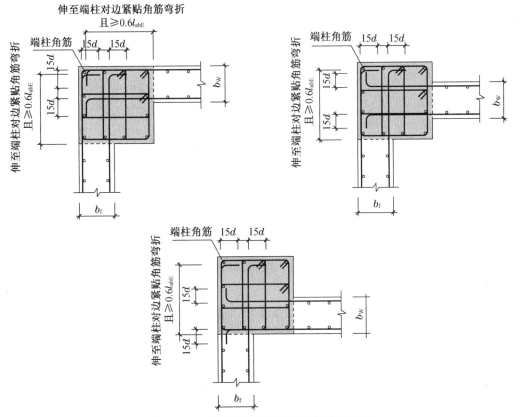

图 7-3-10　水平钢筋在端柱转角墙中的构造

其中:① 拉结筋应与剪力墙每排的竖向分布钢筋和水平分布钢筋绑扎。

② 位于端柱纵向钢筋内侧的墙水平分布钢筋(端柱节点中图示阴影部分墙体水平分布钢筋)伸入端柱的长度≥l_{aE}时,可直锚,其他情况,剪力墙水平分布钢筋应伸至端柱对边紧贴角筋弯折 15d。

③ 当剪力墙水平分布钢筋向端柱外侧弯折所需尺寸不够时,也可向柱中心方向弯折。

2. 剪力墙墙身水平分布钢筋图示长度计算和根数计算

剪力墙墙身水平分布钢筋分为外侧水平钢筋和内侧水平钢筋,如图 7-3-11 所示。

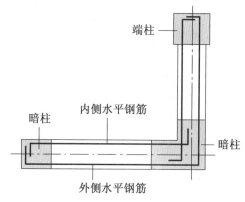

图 7-3-11　墙身水平分布钢筋

(1) 墙外侧水平分布钢筋图示长度计算

① 外侧水平钢筋连续通过转角墙,如图 7-3-12 所示。

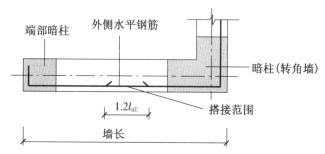

图 7-3-12　墙外侧水平钢筋连续通过转角墙

外侧水平钢筋图示长度＝墙长－墙的保护层厚度×2＋端部弯折长度＋搭接长度

注意:若钢筋需要搭接,其连接区域在暗柱范围外,搭接长度≥1.2l_{aE},相邻两个搭接区之间错开的净距离≥500 mm。

② 外侧水平钢筋在转角墙处搭接,如图 7-3-13 所示。

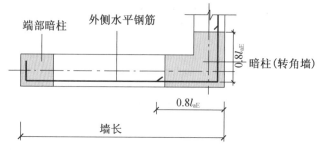

图 7-3-13　墙外侧水平钢筋在转角墙处搭接

外侧水平钢筋图示长度＝墙长－保护层厚度×2＋端部弯折长度＋0.8l_{aE}

其中,端部弯折长度:对于暗柱,伸至端部弯折 10d;对于端部转角墙、端部翼墙、端部端柱墙等伸至端部弯折 $15d$。

（2）墙内侧水平分布钢筋图示长度计算

1）内侧水平钢筋锚入暗柱内，如图 7-3-14 所示。

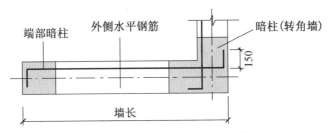

图 7-3-14 墙内侧水平钢筋长度计算

内侧水平钢筋图示长度＝墙长－保护层厚度×2＋端部弯折长度＋$15d$

2）内侧水平钢筋锚入端柱内：

① 在端柱中直锚：当内侧水平钢筋伸入端柱的长度≥l_{aE}时，如图 7-3-15 所示。

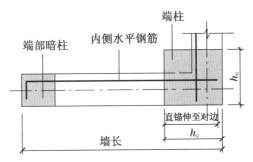

图 7-3-15 墙内侧水平钢筋在端柱中直锚

内侧水平钢筋图示长度＝墙长－h_c－保护层厚度＋端部弯折长度＋端柱直锚

② 在端柱中弯锚：当内侧水平钢筋伸入端柱的长度＜l_{aE}时，水平钢筋伸至端柱对边紧贴角筋弯折，如图 7-3-16 所示。

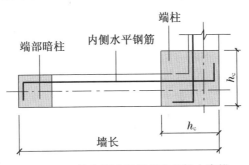

图 7-3-16 墙内侧水平钢筋在端柱中弯锚

内侧水平钢筋图示长度＝墙长－保护层厚度×2＋端部弯折长度＋$15d$

其中：端部锚固长度：对于暗柱，伸至端部弯折 $10d$；对于端柱转角墙、端部翼墙、端部端部墙等伸至端部弯折 $15d$。

（3）剪力墙墙身水平分布钢筋根数计算

剪力墙墙身水平钢筋类似框架柱里的箍筋,是从基础到屋顶连续布置的。如图 7-3-17 所示。

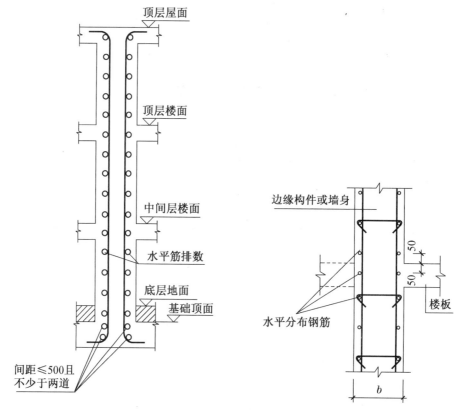

图 7-3-17　剪力墙墙身水平分布钢筋计算示意图

① 基础内水平钢筋根数

水平钢筋根数＝(基础高度－基础保护层厚度－100)/500＋1,并不少于 2 根。

② 中间层及顶层水平钢筋根数

水平钢筋根数＝(层高－100)/间距＋1

3. 剪力墙墙身竖向分布钢筋配筋构造

(1) 剪力墙墙身竖向分布钢筋多排配筋构造,如图 7-3-18 所示。

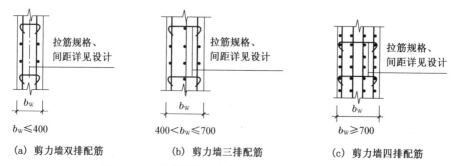

图 7-3-18　剪力墙墙身竖向分布钢筋多排配筋构造

（2）剪力墙墙身竖向分布钢筋在基础中的构造

1）当剪力墙竖向分布钢筋的保护层厚度大于 $5d$（d 为竖向分布钢筋的最大直径）时，剪力墙竖向分布钢筋在基础中的排布构造如图 7-3-19 所示。图中 h_j 为基础底面至基础顶面的高度，若墙下有基础梁时，h_j 为梁底面至顶面的高度。墙身插筋应伸至基础底部支承在基础底板钢筋网片上，并在基础高度范围内设置间距不大于 500 mm 且不少于两道水平分布钢筋与拉结筋。

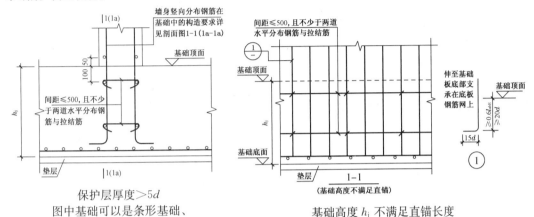

保护层厚度＞$5d$
图中基础可以是条形基础、基础梁、筏形基础和桩基承台梁。

基础高度 h_j 不满足直锚长度

注：d 为墙身插筋最大直径。当施工采取有效措施保证钢筋定位时，墙身竖向分布钢筋伸入基础长度满足直锚即可。

图 7-3-19　墙身竖向分布钢筋在基础中的构造（保护层厚度大于 $5d$）

2）当筏板基础中板厚大于 2 000 mm 且设置中间层钢筋网片时，墙身插筋在基础中的钢筋排布，如图 7-3-20 所示。

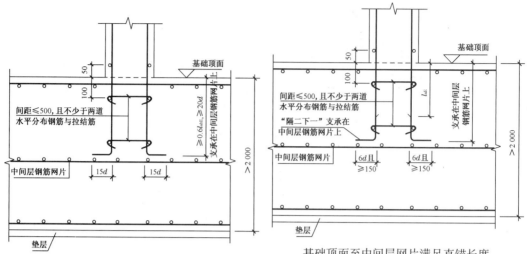

基础顶面至中间层网片不满足直锚长度

基础顶面至中间层网片满足直锚长度
当施工采取有效措施保证钢筋定位时,墙身竖向
分布钢筋伸入基础长度满足直锚即可。

图 7-3-20　墙身插筋支承在钢筋网片的钢筋排布构造

3）当剪力墙竖向分布钢筋的保护层厚度不大于 $5d$（d 为竖向分布钢筋的最大直径）时,剪力墙竖向分布钢筋以及锚固区横向钢筋在基础中的排布构造如图 7-3-21 所示。当墙某侧竖向钢筋的保护层厚度不大于 $5d$ 时,该侧竖向钢筋需全部伸至基础底部并支承在底部钢筋网片上,不得"隔二下一"。

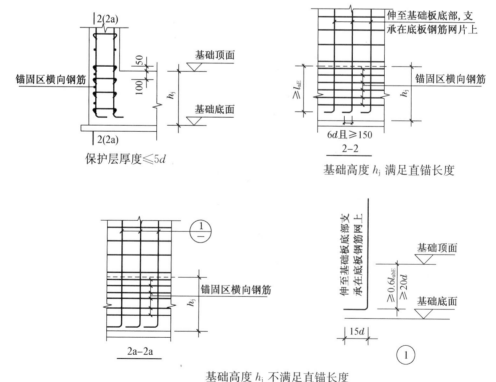

图 7-3-21　墙身竖向分布钢筋在基础中的构造(保护层厚度不大于 5d)

注:① 在墙身部分插筋的保护层厚度不大于 $5d_1$ 的(d_1 为锚固钢筋的最大直径)部分应设置锚固区横向钢筋。锚固区横向钢筋应满足直径 $\geqslant d_1/4$(d_2 为纵筋最大直径),间距 $\leqslant 10d_2$(d_2 为纵筋最小直径)且 $\leqslant$ 100 的要求。

② 当墙身竖向分布钢筋在基础中保护层厚度不一致时,如部分位于梁中,部分位于板内,保护层厚度不大于 $5d$ 的部位应设置锚固区横向钢筋,如图 7-3-21 的 2—2 剖面所示。

4)当外侧墙身插筋与基础底板纵向钢筋搭接时,构造要求如图 7-3-22 所示。当选用此种做法时,设计人员应在图纸中注明。

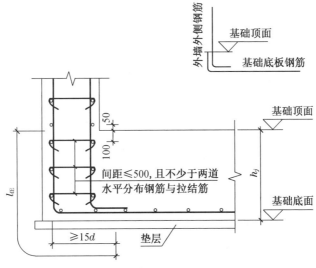

图 7-3-22　墙身插筋与基础底板钢筋搭接锚固构造

(3)剪力墙竖向分布钢筋连接构造,如图 7-3-23 所示。

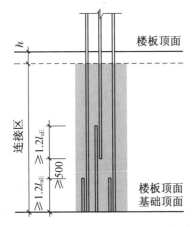

(a) 一、二级抗震等级剪力墙底部加强部位竖向分布钢筋搭接构造

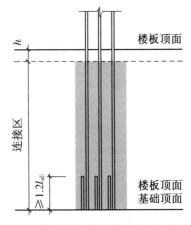

(b) 一、二级抗震等级剪力墙非底部加强部位或三、四级抗震等级剪力墙竖向分布钢筋搭接构造,可在同一部位搭接

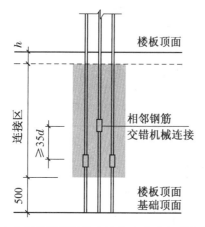
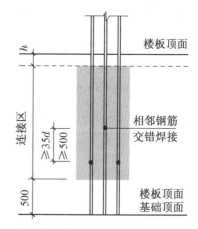

（c）各级抗震等级剪力墙竖向分布钢筋机械　（d）各级抗震等级剪力墙竖向分布钢筋焊
　　连接构造　　　　　　　　　　　　　　　　　接构造

图 7-3-23　剪力墙竖向分布钢筋连接构造

（4）剪力墙竖向分布钢筋顶部构造，如图 7-3-24 所示。

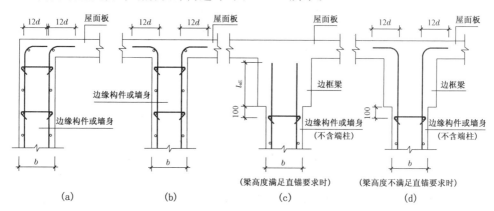

图 7-3-24　剪力墙竖向钢筋顶部构造

（5）剪力墙变截面处竖向分布钢筋构造，如图 7-3-25 所示。

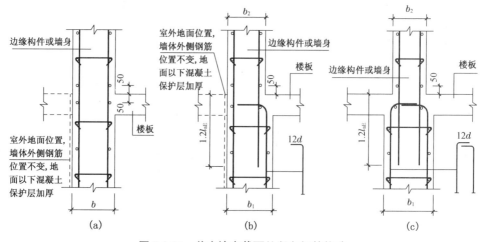

图 7-3-25　剪力墙变截面处竖向钢筋构造

4. 剪力墙墙身竖向分布钢筋图示长度计算

(1) 剪力墙基础插筋图示长度计算

基础插筋图示长度＝插筋基础内长度＋插筋基础顶面伸出长度 L

1) 插筋基础内长度

当基础插筋的保护层厚度＞$5d$ 时，如图 7-3-26 所示。

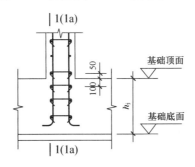

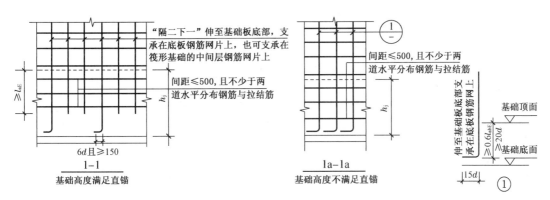

图 7-3-26　基础插筋保护层厚度＞$5d$

① 基础高度满足直锚，即 h_j＞l_{aE} 时，剪力墙竖向分布筋一部分"隔二下一"伸至基础底部钢筋网片上，弯折 $6d$ 且≥150 mm；另一部分伸入基础中≥l_{aE}。

弯折插筋基础内长度＝基础厚度－基础底保护层厚度＋$\max(6d,150)$

无弯折插筋基础内长度＝l_{aE}

② 基础高度不满足直锚，即 h_j≤l_{aE} 时，剪力墙竖向分布筋全部伸至基础底部钢筋网片上，弯折 $15d$。

插筋基础内长度＝基础厚度－基础底保护层厚度＋$15d$

2) 插筋基础顶面伸出长度 L

① 纵筋采用绑扎搭接时：L＝1.2l_{aE}，相邻搭接接头错开距离为 500 mm。（一、二级抗震等级剪力墙非底部加强部位或三、四级抗震等级剪力墙竖向分布筋可在同一部位搭接，不需要错开 500 mm）。

② 纵筋采用机械连接时：L＝500 mm，错开距离为 35d。

③ 纵筋采用焊接连接时：L＝500 mm，错开距离为 $\max(35d,500)$。

(2) 剪力墙中间层竖向钢筋长度计算

如图 7-3-27 所示，由于中间层的下部连接点距离楼底面的高度与伸入上层预留长度相同,所以竖向钢筋长度为：

中间层竖向钢筋图示长度＝中间层层高 H＋搭接长度 L_1。

其中：① 纵筋采用绑扎搭接时：$L_1=1.2l_{aE}$。

② 纵筋采用机械或焊接连接时：$L_1=0$。

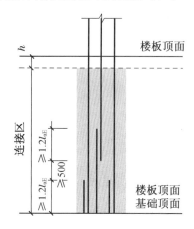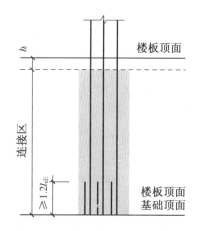

(a) 一、二级抗震等级剪力墙底部加强部位竖向分布钢筋搭接构造

(b) 一、二级抗震等级剪力墙非底部加强部位或三、四级抗震等级剪力墙竖向分布钢筋搭接构造,可在同一部位搭接

图 7-3-27　中间层剪力墙竖向分布钢筋示意图(绑扎连接)

（3）剪力墙顶层竖向分布钢筋图示长度计算

剪力墙竖向分布钢筋顶部构造,如图 7-3-28 所示。

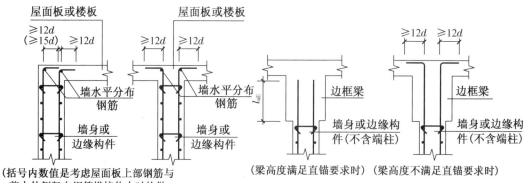

(括号内数值是考虑屋面板上部钢筋与剪力外侧竖向钢筋搭接传力时的做法,详见图集16G101-1第100、106页)

（梁高度满足直锚要求时）（梁高度不满足直锚要求时）

图 7-3-28　剪力墙竖向钢筋顶部构造

1）剪力墙竖向分布钢筋锚入屋面板或楼板中：

顶层竖向钢筋图示长度＝层高－保护层厚度＋12d

2）剪力墙竖向分布钢筋锚入边框梁中：

① 梁高度满足直锚时：顶层竖向钢筋图示长度＝层净高＋l_{aE}

② 梁高度不满足直锚时：顶层竖向钢筋图示长度＝层高－保护层厚度＋12d

（4）剪力墙变截面处钢筋计算

剪力墙变截面处竖向分布钢筋构造,如图 7-3-29 所示。

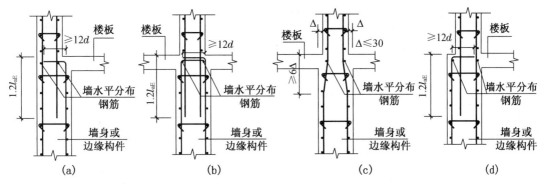

图 7-3-29　剪力墙变截面处竖向分布钢筋构造

① 当变截面差值△≤30 mm 时,竖向钢筋不切断,以 1/6 钢筋斜率的方式弯曲伸到上一楼层,如图 7-3-29(c)所示;

② 当变截面差值△>30 mm,仅一面有变截面差值时,变截面一侧的下部钢筋伸至板顶向对边弯折 12d 切断,上部钢筋伸入下部墙内 1.2l_{aE},另一面的钢筋连续通过,如图 7-3-29(a)(d)所示;

③ 当变截面差值△>30 mm,两面有变截面差值时,下部钢筋伸至板顶向对边弯折 12d 切断,上部钢筋伸入下部墙内 1.2l_{aE},如图 7-3-29(b)所示。

(5) 剪力墙竖向分布钢筋根数计算

墙身竖向分布钢筋根数＝墙身净长/竖向分布筋间距－1

墙身竖筋是从暗柱或端柱边开始布置。

(6) 剪力墙墙身拉筋计算

① 单个拉筋图示长度＝剪力墙厚度－剪力墙保护层厚度×2＋弯钩增加长度×2

弯钩增加长度:斜弯钩 6.9d,直弯钩 5.5d。

② 拉筋根数＝墙净面积/拉筋的布置面积

其中:墙净面积为墙总面积扣除暗(端)柱、暗(连)梁及洞口面积;拉筋布置面积为连接水平间距×竖向间距。

7.3.2　剪力墙墙柱钢筋配筋构造与图示长度计算

1. 剪力墙墙柱钢筋配筋构造

(1) 剪力墙边缘构件插筋在基础中的配筋构造,如图 7-3-30 所示。

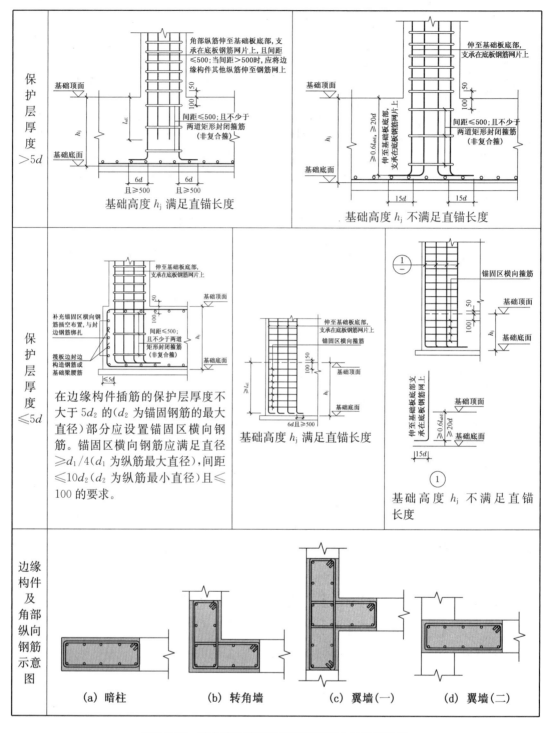

图 7-3-30　剪力墙边缘构件插筋在基础中的排布构造

（2）剪力墙约束边缘构件 YBZ 钢筋排布构造

① 约束边缘暗柱，非阴影区外圈设置封闭箍筋，如图 7-3-31（a）所示；非阴影区设置拉筋，如图 7-3-31（b）所示。

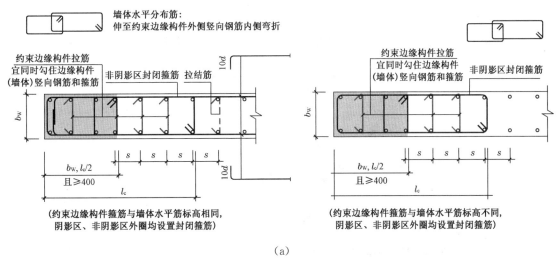

（a）

（b）

图 7-3-31 约束边缘暗柱钢筋排布构造

② 约束边缘端柱，非阴影区外圈设置封闭箍筋，如图 7-3-32（a）所示；非阴影区设置拉筋，如图 7-3-32（b）所示。

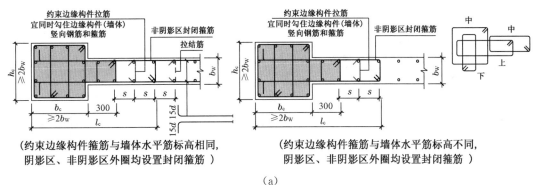

（a）

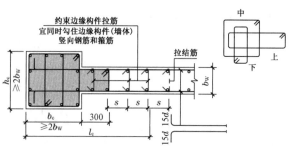

（约束边缘构件箍筋与墙体水平筋标高相同，
阴影区外圈封闭箍筋、非阴影区拉筋 ）

（b）

图 7-3-32 约束边缘端柱钢筋排布构造

③ 约束边缘翼墙，非阴影区外圈设置封闭箍筋，如图 7-3-33（a）所示；非阴影区设置拉筋，如图 7-3-33（b）所示。

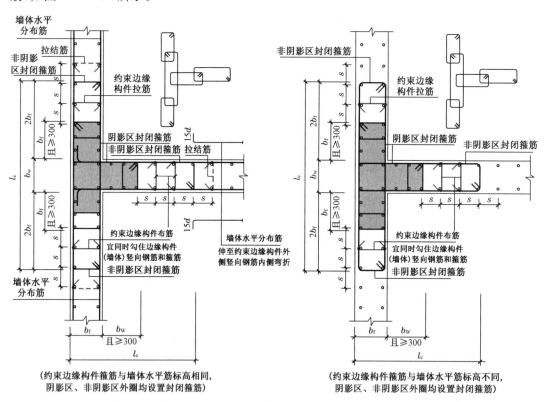

（约束边缘构件箍筋与墙体水平筋标高相同，
阴影区、非阴影区外圈均设置封闭箍筋）　　（约束边缘构件箍筋与墙体水平筋标高不同，
阴影区、非阴影区外圈均设置封闭箍筋）

（a）

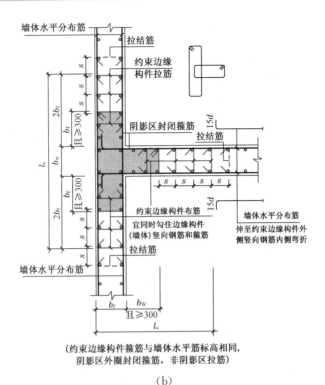

(约束边缘构件箍筋与墙体水平筋标高相同,
阴影区外圈封闭箍筋,非阴影区拉筋)

(b)

图 7-3-33　约束边缘翼墙钢筋排布构造

④ 约束边缘转角墙,非阴影区外圈设置封闭箍筋,如图 7-3-34(a)所示;非阴影区设置拉筋,如图 7-3-34(b)所示。

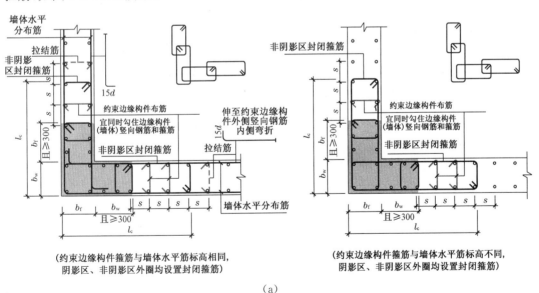

(约束边缘构件箍筋与墙体水平筋标高相同,
阴影区、非阴影区外圈均设置封闭箍筋)

(约束边缘构件箍筋与墙体水平筋标高不同,
阴影区、非阴影区外圈均设置封闭箍筋)

(a)

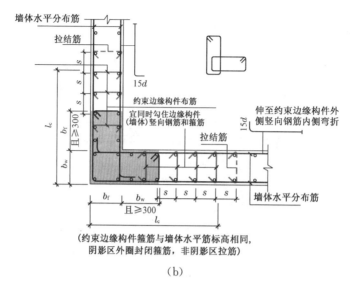

图 7-3-34 约束边缘转角墙钢筋排布构造

注意：剪力墙水平分布筋计入约束边缘构件体积配箍率时，设计应注明。其构造做法见 **16G101－1** 图集和 **18G901－1** 图集。

（3）剪力墙构造边缘构件 GBZ 钢筋排布构造

① 构造边缘暗柱，外圈设置封闭箍筋，如图 7-3-35 所示；墙体水平分布筋替代外圈封闭箍筋，如图 7-3-36 所示。

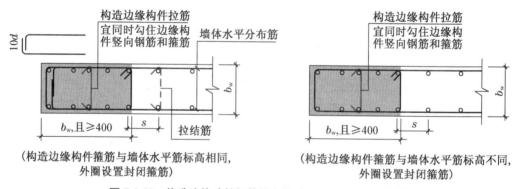

图 7-3-35 构造边缘暗柱钢筋排布构造(外圈设置封闭箍筋)

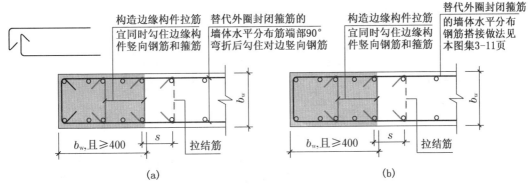

(约束边缘构件箍筋与墙体水平筋标高相同，
墙体水平分布筋替代外圈封闭箍筋)

图 7-3-36　构造边缘暗柱钢筋排布构造(墙体水平分布筋替代外圈封闭箍筋)

② 构造边缘端柱，如图 7-3-37 所示。

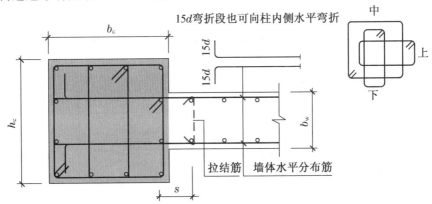

图 7-3-37　构造边缘端柱钢筋排布构造

③ 构造边缘翼墙，外圈设置封闭箍筋，如图 7-3-38 所示；墙体水平分布筋替代外圈封闭箍筋，如图 7-3-39 所示。

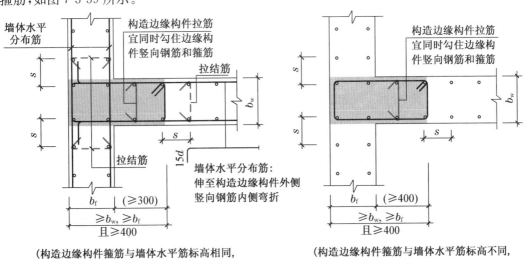

(构造边缘构件箍筋与墙体水平筋标高相同，
外圈设置封闭箍筋)

(构造边缘构件箍筋与墙体水平筋标高不同，
外圈设置封闭箍筋)

图 7-3-38　构造边缘翼墙钢筋排布构造(外圈设置封闭箍筋)

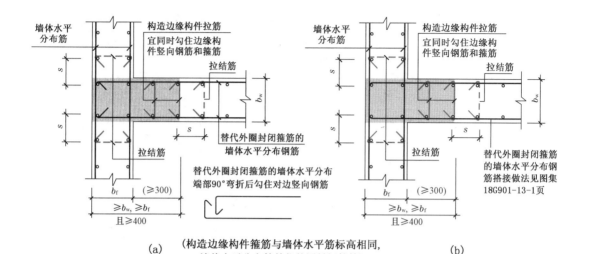

图 7-3-39　构造边缘翼墙钢筋排布构造(墙体水平分布筋替代外圈封闭箍筋)

④ 构造边缘转角墙,外圈设置封闭箍筋,如图 7-3-40 所示;墙体水平分布筋替代外圈封闭箍筋,如图 7-3-41 所示。

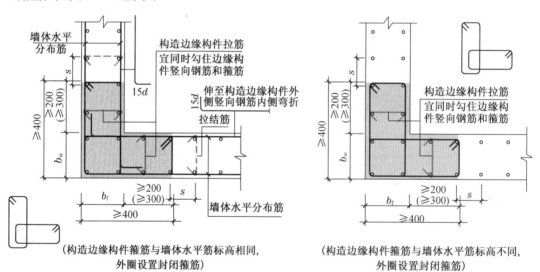

注:以上图中括号内数值用于高层建筑。

图 7-3-40　构造边缘转角墙钢筋排布构造(外圈设置封闭箍筋)

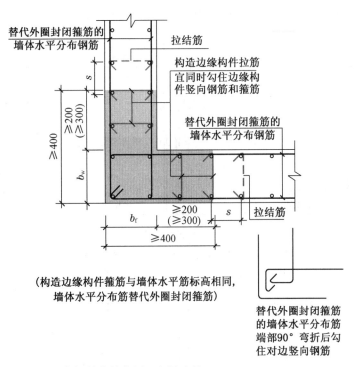

（构造边缘构件箍筋与墙体水平筋标高相同，
墙体水平分布筋替代外圈封闭箍筋）

替代外圈封闭箍筋
的墙体水平分布筋
端部90°弯折后勾
住对边竖向钢筋

注：以上图中括号内数值用于高层建筑。

图 7-3-41　构造边缘转角墙钢筋排布构造（墙体水平分布筋替代外圈封闭箍筋）

（4）剪力墙扶壁柱 FBZ 钢筋排布构造，如图 7-3-42 所示。

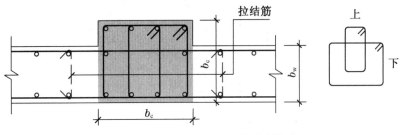

图 7-3-42　扶壁柱 FBZ 钢筋排布构造

（5）剪力墙非边缘暗柱 AZ 钢筋排布构造，如图 7-3-43 所示。

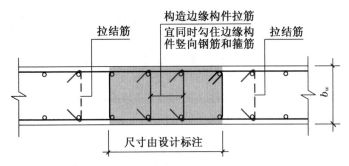

图 7-3-43　非边缘暗柱 AZ 钢筋排布构造

（6）剪力墙边缘构件纵向钢筋连接构造，如图 7-3-44 所示。

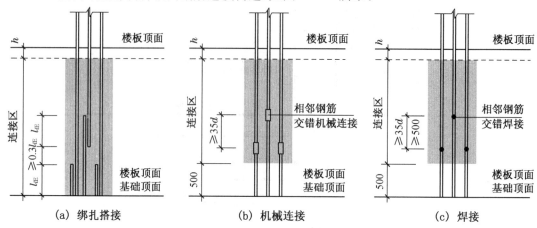

图 7-3-44 剪力墙边缘构件纵向钢筋连接构造

（适用于约束边缘构件阴影部分和构造边缘构件的纵向钢筋）

（7）剪力墙上起边缘构件纵向钢筋排布构造，如图 7-3-45 所示。

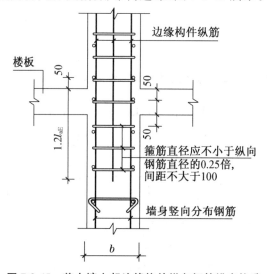

图 7-3-45 剪力墙上起边缘构件纵向钢筋排布构造

注：① 拉结筋应与剪力墙每排的竖向分布钢筋和水平分布钢筋绑扎；

② 剪力墙分布钢筋配置若多于两排，中间排水平分布钢筋端部构造同内侧钢筋。水平分布筋宜均匀放置，竖向分布钢筋在保持相同配筋率条件下外排直径宜大于内排筋直径；

③ 端柱竖向钢筋和箍筋的构造与框架柱相同。矩形截面独立墙肢，当截面高度不大于截面厚度的 4 倍时，其竖向钢筋和箍筋的构造要求与框架柱相同或按设计要求设置；

④ 约束边缘构件阴影部分、构造边缘构件、扶壁柱及非边缘暗柱的纵筋搭接长度范围内，箍筋直径应不小于纵向搭接钢筋最大直径的 0.25 倍，箍筋间距不大于 100 mm。

2. 剪力墙墙柱钢筋图示长度计算

剪力墙墙柱分端柱和暗柱，其中端柱钢筋的计算同框架柱中钢筋的计算。暗柱钢筋计算基本同剪力墙墙身钢筋，其计算如下：

(1) 基础层墙柱纵向钢筋图示长度计算

基础插筋图示长度＝基础厚度 h－基础底保护层厚度＋弯折长度 a＋纵筋基础顶面伸出长度 L

1) 弯折长度 a 计算：

① 当基础高度满足直锚，即 $h_j \geqslant l_{aE}$ 时：$a=6d$ 且 $\geqslant 150$ mm

② 当基础高度不满足直锚 $h_j < l_{aE}$ 时：$a=15d$

2) 伸出长度 L 计算：

① 纵筋采用绑扎搭接时：L＝$0.3l_{lE}$，相邻搭接接头错开距离为 $0.3l_{lE}$。

② 纵筋采用机械连接时：L＝500 mm，错开距离为 $35d$。

③ 纵筋采用焊接连接时：L＝500 mm，错开距离为 $\max(35d, 500)$。

3) 基础内箍筋根数＝$\max$［(基础高度 h－基础底保护层厚度 c)/500,2 根］

箍筋长度计算同框架柱箍筋。

(2) 中间层墙柱纵向钢筋图示长度计算

1) 纵向钢筋图示长度＝中间层层高 H＋搭接长度 L_1。

其中：① 纵筋采用绑扎搭接时：$L_1 = l_{lE}$。

② 纵筋采用机械或焊接连接时：$L_1 = 0$。

2) 中间层内墙柱箍筋根数

① 墙柱采用绑扎连接接头：

箍筋根数＝$[2l_{lE} + 0.3l_{lE}]$/100＋1＋［层高 H－$(2l_{lE} + 0.3l_{lE})$］/箍筋间距－1

② 墙柱采用机械连接或焊接接头：

箍筋根数＝层高 H/箍筋间距＋1

3) 中间层拉筋数量＝中间层箍筋数量×拉筋水平排数

(3) 顶层墙柱纵向钢筋长度计算

竖向钢筋弯锚入屋面板或楼板内 $12d$，伸入边框梁内长度：直锚为 l_{aE}，弯锚为 $12d$。

1) 纵向钢筋图示长度＝层高 H－保护层厚度＋$12d$

① 纵筋采用绑扎搭接时，搭接长度为 l_{lE}，相邻搭接接头错开距离为 $0.3l_{lE}$；

② 纵筋采用机械连接时，相邻接头错开距离为 $35d$；

③ 纵筋采用焊接连接时，相邻接头错开距离为 $\max(35d, 500)$。

2) 顶层内箍筋根数

① 墙柱采用绑扎连接接头：

箍筋根数＝$(2l_{lE} + 0.3l_{lE})$/100＋1＋［层高 H－$(2l_{lE} + 0.3l_{lE})$］/箍筋间距－1

② 墙柱采用机械连接或焊接接头：

箍筋根数＝层高 H/箍筋间距＋1

3) 顶层拉筋数量＝顶层箍筋数量×拉筋水平排数

7.3.3 剪力墙墙梁钢筋排布构造与图示长度计算

1. 剪力墙墙梁钢筋构造

剪力墙墙梁包括连梁、暗梁与边框梁，剪力墙梁中的钢筋类型包括纵筋、箍筋、侧面钢筋、拉筋等。

（1）连梁 LL 钢筋排布构造，如图 7-3-46 所示。

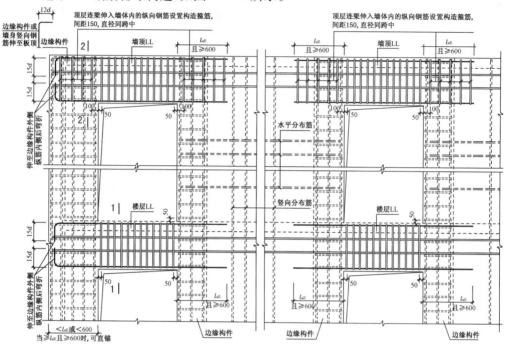

（a）端部洞口连梁钢筋排布构造　　　（b）单洞口连梁（单跨）钢筋排布构造

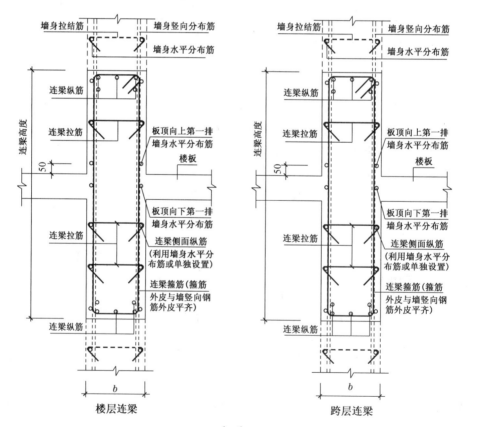

1—1

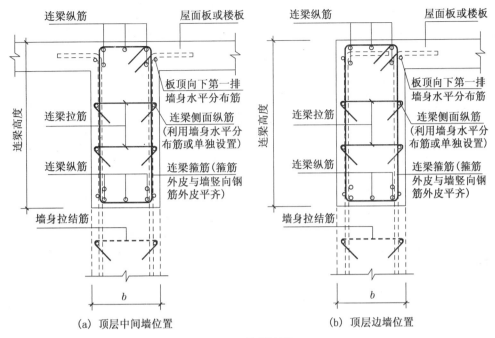

（a）顶层中间墙位置

（b）顶层边墙位置

2 - 2　墙顶连梁

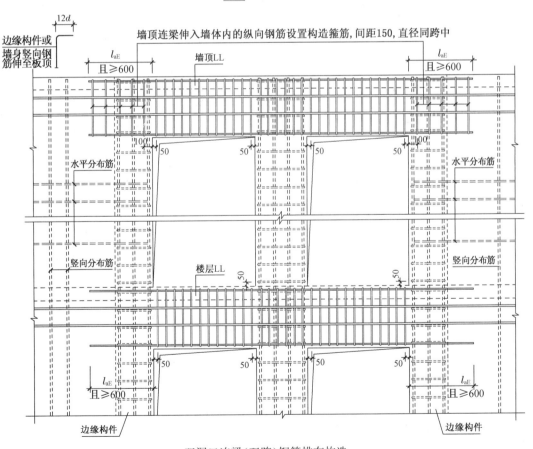

双洞口连梁（双跨）钢筋排布构造

图 7-3-46　剪力墙连梁钢筋排布构造

（2）暗梁 AL 钢筋排布构造，如图 7-3-47 所示。

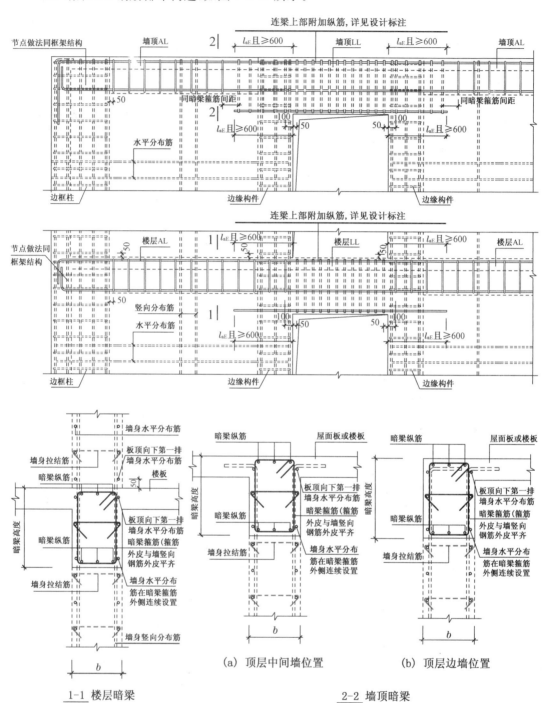

（a）顶层中间墙位置　　　（b）顶层边墙位置

1-1 楼层暗梁　　　　　　　2-2 墙顶暗梁

图 7-3-47　剪力墙暗梁钢筋排布构造

（3）边框梁 BKL 钢筋排布构造，如图 7-3-48 所示。

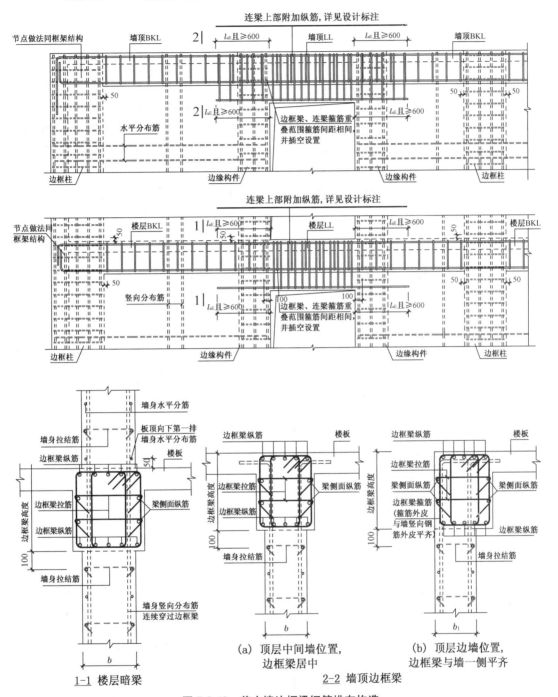

图 7-3-48　剪力墙边框梁钢筋排布构造

1）当端部洞口连梁的纵向钢筋在端支座的直锚长度≥l_{aE} 且≥600 mm 时，可不必向上（下）弯折。

2）单洞口连梁（单跨），连梁纵筋在洞口两端支座的直锚长度为 $l_{aE}(l_a)$ 且≥600 mm。

3）双洞口连梁（双跨），连梁纵筋在双洞口两端支座的直锚长度为 $l_{aE}(l_a)$ 且≥600 mm，洞口之间连梁通长设置。

4）连梁箍筋的设置

① 楼层连梁的箍筋仅在洞口范围内布置。第一个箍筋在距支座边缘50 mm处设置。

② 墙顶连梁的箍筋在全梁范围内布置。洞口范围内的第一个箍筋在距支座边缘50 mm处设置；支座范围内的第一个箍筋在距支座边缘100 mm处设置。

5）连梁的拉筋。当梁宽≤350 mm时直径为6 mm，梁宽>350 mm时直径为8 mm，拉筋间距为2倍的箍筋间距，竖向沿侧面水平筋间隔一拉一，如图 7-3-46 1-1 和 2-2 截面所示。

6）剪力墙变截面连梁钢筋排布构造见16G101-1或18G901-1相关内容。

2. 剪力墙墙梁钢筋图示长度计算

连梁纵筋长度需考虑洞口宽度、纵筋的锚固长度等因素，箍筋需要考虑连梁的截面尺寸、布置范围等因素；暗梁与边框梁纵筋长度需要考虑其设置范围与锚固长度等，箍筋需考虑截面尺寸、布置范围等。暗梁与边框梁纵筋长度计算方法与剪力墙身水平分布钢筋基本相同，箍筋的计算方法与普通框架梁相同。下面就以连梁为例介绍其纵筋、箍筋的相关计算方法。

（1）剪力墙连梁钢筋图示长度计算

1）中间层单洞口连梁钢筋计算

① 墙端部洞口连梁，如图 7-3-49 所示。

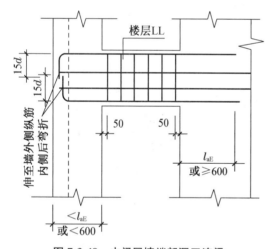

图 7-3-49　中间层墙端部洞口连梁

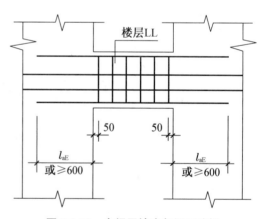

图 7-3-50　中间层墙中部洞口连梁

连梁纵筋图示长度=洞口宽+墙端支座锚固长度+中间支座锚固长度 $\max(l_{aE}, 600)$

其中：墙端支座锚固长度=墙厚-墙保护层厚度+15d

当端部直锚长度≥l_{aE} 且不小于 600 mm 时，可不必弯折15d。

连梁箍筋根数=（洞口宽-50×2）/间距+1

箍筋长度的计算同框架梁。

② 墙中部洞口连梁，如图 7-3-50 所示。

连梁纵筋图示长度＝洞口宽＋中间支座锚固长度$[\max(l_{aE},600)]\times 2$

箍筋根数＝(洞口宽－50×2)/间距＋1

箍筋长度的计算同梁。

2）顶层单洞口连梁钢筋计算，如图 7-3-51 所示。

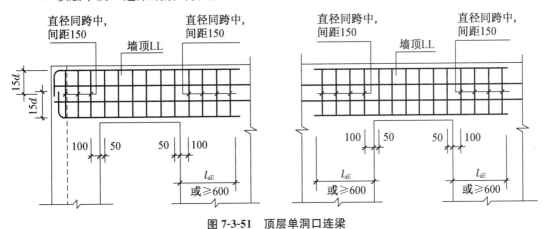

图 7-3-51　顶层单洞口连梁

① 纵筋长度的计算同中间层连梁；箍筋长度的计算同框架梁。

② 箍筋根数＝(洞口宽－50×2)/间距＋1＋(洞口左侧锚固长度水平段－100)/150＋1＋(洞口右侧锚固长度水平段－100)/150＋1

3）中间层双洞口连梁，如图 7-3-52 所示。

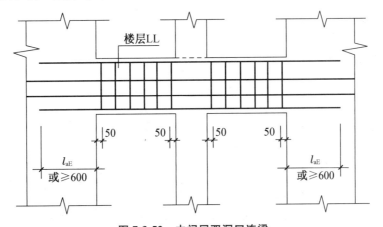

图 7-3-52　中间层双洞口连梁

① 连梁纵筋图示长度＝洞口左侧锚固长度 $\max(l_{aE},600)$＋两个洞口宽度＋洞间墙宽度＋洞口右侧锚固长度 $\max(l_{aE},600)$

② 箍筋根数＝(左侧洞口宽－50×2)/间距＋1＋(右侧洞口宽－50×2)/间距＋1

4）顶层双洞口连梁钢筋计算，如图 7-3-53 所示。

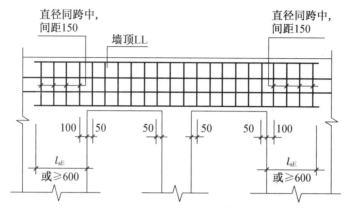

图 7-3-53 顶层双洞口连梁

① 连梁纵筋图示长度＝洞口左侧锚固长度 $\max(l_{aE}, 600)$＋两个洞口宽度＋洞口墙宽度＋洞口右侧锚固长度 $\max(l_{aE}, 600)$

② 箍筋根数＝（两个洞口宽度＋洞间墙宽度－50×2）/间距＋1＋（洞口左侧锚固长度水平段－100）/150＋1＋（洞口右侧锚固长度水平段－100）/150＋1

5）连梁拉筋计算

拉筋根数＝拉筋布置排数×每排根数

拉筋布置排数＝[（连梁高－2×保护层厚度）/水平筋间距＋1]/2

每排根数＝（连梁净宽－50×2）/连梁拉筋间距＋1

7.3.4 剪力墙拉筋排布构造

剪力墙拉结筋的排布设置有梅花和矩形两种形式,如图 7-3-54 所示。

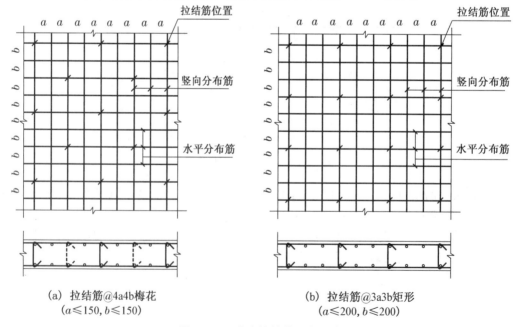

(a) 拉结筋@4a4b梅花
($a \leqslant 150, b \leqslant 150$)

(b) 拉结筋@3a3b矩形
($a \leqslant 200, b \leqslant 200$)

图 7-3-54 剪力墙拉筋排布构造

7.3.5　剪力墙洞口钢筋排布构造

（1）连梁中部圆形洞口补强钢筋排布构造，如图 7-3-55 所示。

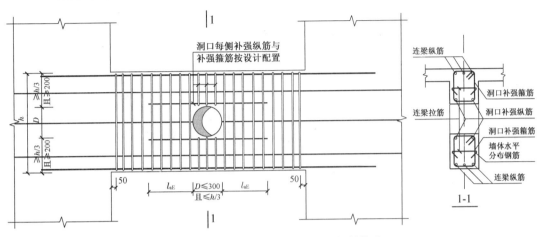

图 7-3-55　连梁中部圆形洞口补强钢筋构造

连梁圆形洞口直径不能大于 300 mm，且不能大于连梁高度的 1/3。圆形洞口预埋钢套管。

（2）矩形洞口

① 矩形洞宽和洞高均不大于 800 mm 时洞口补强钢筋排布构造，如图 7-3-56（a）所示。

② 矩形洞宽和洞高均大于 800 mm 时洞口补强暗梁钢筋排布构造，如图 7-3-56（b）所示。

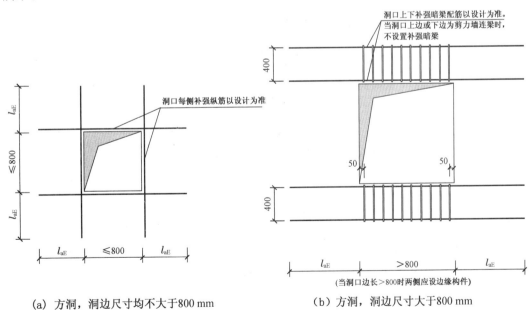

（a）方洞，洞边尺寸均不大于800 mm　　　（b）方洞，洞边尺寸大于800 mm

图 7-3-56　剪力墙矩形洞口补强钢筋排布构造

（3）圆形洞口

① 圆形洞口直径 D 不大于 300 mm 时补强钢筋排布构造，如图 7-3-57(a)所示。

② 圆形洞口直径 D 大于 300 mm 时但不大于 800 mm 补强钢筋排布构造，如图 7-3-57(b)所示。

③ 圆形洞口直径 D 大于 800 mm 时补强钢筋排布构造，如图 7-3-57(c)所示。

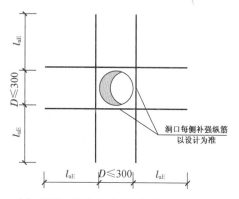

(a) 圆洞，洞边尺寸 D 不大于 300 mm

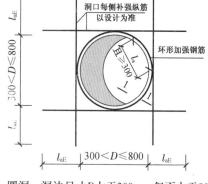

（b） 圆洞，洞边尺寸 D 大于 300 mm 但不大于 800 mm

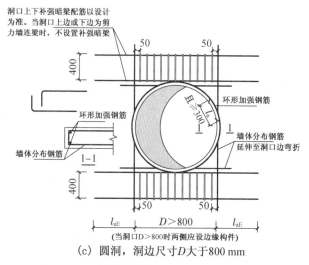

(c) 圆洞，洞边尺寸 D 大于 800 mm

图 7-3-57　剪力墙圆形洞口补强钢筋排布构造

7.4　剪力墙钢筋图示尺寸计算实例

【例 7-4-1】　某一层剪力墙结构的房屋，层高 4.5 m，构件的截面尺寸，墙柱、墙身、墙梁以及配筋表如下图所示。已知结构抗震等级为二级，混凝土强度等级为 C30，板厚为 120 mm，筏板基础顶标高为−1.50 m，筏板基础厚度为 800 mm，基础配筋为 Φ18@200 双向双层钢筋。墙柱钢筋采用焊接，墙身钢筋采用绑扎连接。试计算墙中 Q-1、YDZ-1 以及 LL-1 钢筋的图示长度和根数。

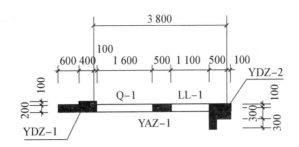

基础顶~4.5 m剪力墙平面图

图 7-4-1　基础顶~4.5 m剪力墙平面图

表 7-4-1　剪力墙墙身表、连梁表、边缘构件表

剪力墙墙身表

墙号	墙厚	排数	水平分布筋	垂直分布筋	拉筋
Q1	200	2	Φ8@200	Φ8@150	Φ6@600

连梁表(侧面纵筋同所在墙同分布筋)

名称	梁截面	梁顶标高	上部纵筋	下部纵筋	箍筋
LL1	200×400	同楼面标高	3Φ16	3Φ16	Φ10@100(2)

剪力墙边缘构件表

截面	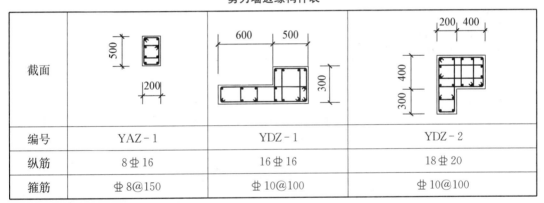		
编号	YAZ－1	YDZ－1	YDZ－2
纵筋	8Φ16	16Φ16	18Φ20
箍筋	Φ8@150	Φ10@100	Φ10@100

解:由 16G101－1 图集查得:保护层厚度:墙 15 mm;梁、柱 20 mm。锚固长度:$l_{aE}=40d$。

1. 剪力墙 Q-1

(1)墙身水平分布钢筋图示长度计算:

长度=(1 600+500)－20+40×8+10×8=2 480 mm

根数={[(800－40－100)/500+1]+[(1 500+4 500－100)/200+1]}×2=(3+31)×2=68(根)

(2)墙身竖向分布钢筋图示长度计算:

1)基础内插筋图示长度计算:

由于 $h_j=800\ \text{mm}>l_{aE}=40d=40\times8=320\ \text{mm}$，另外依据图纸保护层厚度大于 $5d$，所以基础插筋采用"隔二下一"的方式伸至基础底板，支承在底部钢筋网片上。

① 基础插筋根数计算：

Q-1 墙内基础插筋单排根数＝1 600/150-1＝10(根)

② 基础插筋单根图示长度计算：

剪力墙里面每排布置了 10 根竖向分布筋，因此，每排竖向分布筋中有 4 根伸至底部钢筋网片上，其余 6 根锚入基础内 l_{aE}。

墙身①插筋图示长度(低位)＝max($6d$,150)＋800-40＋1.2l_{aE}＝max(6×8,150)＋800-40＋1.2$\times40\times8$＝150＋800-40＋384＝1 294 mm(共计 4 根)

墙身①插筋图示长度(高位)＝1 294＋500＋1.2$\times40\times8$＝2 178 mm(共计 4 根)

墙身②号插筋图示长度(低位)＝l_{aE}＋1.2l_{aE}＝40$\times8$＋1.2$\times320$＝704 mm(共计 6 根)

墙身②号插筋图示长度(高位)＝704＋500＋1.2$\times320$＝1 588 mm(共计 6 根)

2) 一层竖向分布钢筋图示长度计算：

竖向钢筋图示长度(低位)＝4 500＋1 500-15＋12$\times8$＝6 081 mm(共 4＋6＝10 根)

竖向钢筋图示长度(高位)＝4 500＋1 500-1.2$\times320$-500-15＋12$\times8$＝5 197 mm(共 4＋6＝10 根)

(3) 拉筋计算

拉筋布置按"矩形双向"布置。

① 单根拉筋图示长度＝200-2$\times15$＋2$\times$(1.9$\times6$＋5$\times6$)＝253 mm

② 剪力墙内拉筋根数＝墙净面积/拉筋的布置面积

$$=(1.6\times6)/(0.6\times0.6)=26.67\ \text{根，取}\ 27\ \text{根}$$

2. 约束边缘端柱 YDZ-1

(1) 墙柱 YDZ-1 中纵向钢筋图示长度计算

1) 墙柱 YDZ-1 中基础纵向插筋图示长度计算

由于 $h_j=800\ \text{mm}>l_{aE}=40d=40\times16=640\ \text{mm}$，另外依据图纸保护层厚度大于 $5d$，所以基础纵向插筋角部 6 根至基础底板钢筋网片上，弯折 150 mm；其余 10 根锚入基础内 l_{aE}。

基础纵向①插筋图示长度(低位)＝800-40＋150＋500＝1 410 mm(共 3 根)

基础纵向①插筋图示长度(高位)＝1 410＋35d＝1 410＋35$\times16$＝1 970 mm(共 3 根)

基础纵向②插筋图示长度(低位)＝l_{aE}＋500＝640＋500＝1 140 mm(共 5 根)

基础纵向②插筋图示长度(高位)＝1 140＋35d＝1 140＋35$\times16$＝1 700 mm(共 5 根)

2) 一层纵向钢筋图示长度计算

纵向钢筋图示长度(低位)＝1 500＋4 500-500-20＋12$\times16$＝5 672 mm(共 8 根)

竖向钢筋图示长度(高位)＝5 672-35$\times16$＝5 112 mm(共 8 根)

(2) 墙柱 YDZ-1 中箍筋计算

1) 墙柱 YDZ-1 中箍筋图示长度计算：

①号箍筋图示长度＝(260＋460)$\times2$＋11.9$\times10\times2$＝1 678 mm

②号箍筋图示长度＝(1 060＋160)$\times2$＋11.9$\times10\times2$＝2 678 mm

③号箍筋图示长度＝(150＋260)$\times2$＋11.9$\times10\times2$＝1 058 mm

④号箍筋图示长度＝(200＋160)$\times2$＋11.9$\times10\times2$＝958 mm

2) 墙柱 YDZ - 1 中箍筋道数计算

基础内箍筋根数 = (800 - 40 - 100)/500 + 1 = 3(道)

一层箍筋根数 = (1 500 + 4 500 - 50)/100 + 1 = 61(道)

墙柱 YDZ - 1 箍筋总根数 = 3 + 61 = 64(道)

3. 顶层连梁 LL - 1

(1) 纵向钢筋图示长度计算

长度 = 1 100 + 600 - 20 + 15 × 16 + 40 × 16 = 2 560 mm

根数 = 6(根)

(2) 箍筋图示长度计算

长度 = (200 - 2 × 20 + 400 - 2 × 20) × 2 + 11.9 × 10 × 2 = 1 278 mm

根数 = [(1 100 - 50 × 2)/100 + 1] + [(640 - 100)/150 + 1] + [(600 - 20 - 100)/150 + 1] = 11 + 5 + 4 = 20 根

7.5　柱钢筋下料长度计算与计算实例

7.5.1　剪力墙钢筋下料长度计算

剪力墙钢筋下料长度计算,除了需要调整钢筋弯曲量度差值,计算时还需要考虑钢筋构件的配筋构造以及实际施工情况。

7.5.2　剪力墙钢筋下料长度计算实例

【例 7-5-1】 根据【例 7-4-1】中剪力墙钢筋的平法施工图(图 7-4-1)和图示长度。计算墙中 Q - 1、YDZ - 1 以及 LL - 1 中钢筋的下料长度并编制钢筋配料单。

解:1. 剪力墙 Q - 1

(1) 墙身水平分布钢筋下料长度计算:

长度 = (1 600 + 500) - 20 + 40 × 8 + 10 × 8 - 8 - 16 - 2.08 × 8 = 2 439 mm

根数 = {[(800 - 40 - 100)/500 + 1] + [(1 500 + 4 500 - 100)/200 + 1]} × 2 = (3 + 31) × 2 = 68(根)

(2) 墙身竖向分布钢筋下料长度计算:

1) 基础内插筋下料长度计算:

由于 h_j = 800 mm > l_{aE} = 40d = 40 × 8 = 320 mm,另外依据图纸保护层厚度大于 5d,所以基础插筋采用"隔二下一"的方式伸至基础底板,支承在底部钢筋网片上。

① 基础插筋根数计算:

Q - 1 墙内基础插筋单排根数 = 1 600/150 - 1 = 10(根)

② 基础插筋单根下料长度计算:

剪力墙里面每排布置了 10 根竖向分布筋,因此,每排竖向分布筋中有 4 根伸至底部钢筋网片上,其余 6 根锚入基础内 l_{aE}。

墙身①插筋下料长度(低位) = 1 294 - 18 × 2 - 2.08 × 8 = 1 241 mm(共计 4 根)

墙身①插筋下料长度(高位)=2 178-18×2-2.08×8=2 125 mm(共计 4 根)

墙身②号插筋下料长度(低位)=704 mm(共计 6 根)

墙身②号插筋下料长度(高位)=1 588 mm(共计 6 根)

2) 一层竖向分布钢筋下料长度计算:

竖向钢筋下料长度(低位)=6 081-2.08×8=6 064 mm(共 4+6=10 根)

竖向钢筋下料长度(高位)=5 197-2.08×8=5 180 mm(共 4+6=10 根)

(3) 拉筋计算

拉筋布置按"矩形双向"布置。

1) 单根拉筋下料长度=200-2×15+2×(1.9×6+5×6)=253 mm

2) 剪力墙内拉筋根数=墙净面积/拉筋的布置面积

$$=(1.6×6)/(0.6×0.6)=26.67(根),取 27 根$$

2. 约束边缘端柱 YDZ-1

(1) 墙柱 YDZ-1 中纵向钢筋下料长度计算

1) 墙柱 YDZ-1 中基础纵向插筋下料长度计算

基础纵向①插筋下料长度(低位)=1 410-18×2-2.08×16=1 341 mm(共 3 根)

基础纵向①插筋下料长度(高位)=1 970-18×2-2.08×16=1 901 mm(共 3 根)

基础纵向②插筋下料长度(低位)=1 140 mm(共 5 根)

基础纵向②插筋下料长度(高位)=1 700 mm(共 5 根)

2) 一层纵向钢筋下料长度计算

纵向钢筋下料长度(低位)=5 672-2.08×16=5 639 mm(共 8 根)

竖向钢筋下料长度(高位)=5 112-2.08×16=5 079 mm(共 8 根)

(2) 墙柱 YDZ-1 中箍筋计算

1) 墙柱 YDZ-1 中箍筋下料长度计算:

①号箍筋下料长度=1 678-1.751×10×3=1 625 mm

②号箍筋下料长度=2 678-1.751×10×3=2 625 mm

③号箍筋下料长度=1 058-1.751×10×3=1 005 mm

④号箍筋下料长度=958-1.751×10×3=905 mm

2) 墙柱 YDZ-1 中箍筋道数计算

基础内箍筋根数=(800-40-100)/500+1=3(根)

一层箍筋根数=(1 500+4 500-50)/100+1=61(根)

墙柱 YDZ-1 箍筋总根数=3+61=64(根)

3. 顶层连梁 LL-1

(1) 纵向钢筋下料长度计算

长度=2 560-2.08×16=2 527 mm

根数=6(根)

(2) 箍筋下料长度计算

长度=1 278-1.751×10×3=1 225 mm

根数=[(1 100-50×2)/100+1]+[(640-100)/150+1]+[(600-20-100)/150+1]=11+5+4=20(根)

4. 钢筋配料表

表 7-5-1 剪力墙钢筋配料表

构件名称	钢筋编号	级别	直径	钢筋图形	单位根数	总根数	单长（mm）	总长（m）	总重（kg）
Q-1（共1件）	水平分布钢筋	Φ	8	80 ⌐ 2 400	68	68	2 439	165.85	65.51
	①插筋（低位）	Φ	8	150 ⌐ 1 144	4	4	1 241	4.96	1.96
	①插筋（高位）	Φ	8	150 ⌐ 2 028	4	4	2 125	8.86	3.50
	②插筋（低位）	Φ	8	704	6	6	704	4.22	1.67
	②插筋（高位）	Φ	8	1 558	6	6	1 588	9.53	3.76
	一层竖向钢筋（低位）	Φ	8	5 985 ⌐96	10	10	6 064	60.64	23.95
	一层竖向钢筋（高位）	Φ	8	5 101 ⌐96	10	10	5 180	51.80	20.46
	拉筋	中	6	170	27	27	253	6.83	1.52
YDZ-1 柱（共1根）	基础纵向①插筋（低位）	Φ	16	150 ⌐ 1 260	3	3	1 341	4.02	6.36
	基础纵向①插筋（高位）	Φ	16	150 ⌐ 1 820	3	3	1 901	5.70	9.01
	基础纵向②插筋（低位）	Φ	16	1 140	5	5	1 140	5.70	9.01
	基础纵向②插筋（高位）	Φ	16	1 700	5	5	1 700	8.50	13.43
	一层竖向钢筋（低位）	Φ	16	5 480 ⌐192	8	8	5 639	50.75	80.19
	一层竖向钢筋（高位）	Φ	16	4 920 ⌐192	8	8	5 079	40.63	64.20
	①号箍筋	Φ	10	460 / 260	64	64	1 625	104.00	64.17
	②号箍筋	Φ	10	160 / 1 060	64	64	2 625	168.00	103.66
	③号箍筋	Φ	10	150 / 260	64	64	1 005	64.32	39.69
	④号箍筋	Φ	10	160 / 200	64	64	905	57.92	35.74

（续表）

构件名称	钢筋编号	级别	直径	钢筋图形	单位根数	总根数	单长（mm）	总长（m）	总重（kg）
LL-1梁（共1根）	纵向钢筋	Φ	16	2 320　240	6	6	2 527	15.16	23.96
	箍筋	Φ	10	160　360	20	20	1 225	24.50	15.12
合计:Φ16;206.16 kg,Φ10;243.26 kg,Φ8;120.81 kg,Φ10;15.12 kg,Φ6;1.52 kg									

技能训练　剪力墙钢筋下料长度计算与翻样

1. 训练目的

通过钢筋混凝土剪力墙钢筋计算与翻样练习,熟悉剪力墙平法施工图,能正确计算剪力墙钢筋的图示长度和下料长度,编制剪力墙钢筋配料单,并加工制作剪力墙钢筋。

2. 项目任务

某剪力墙的截面尺寸,墙柱、墙身以及墙梁标注如下图所示。

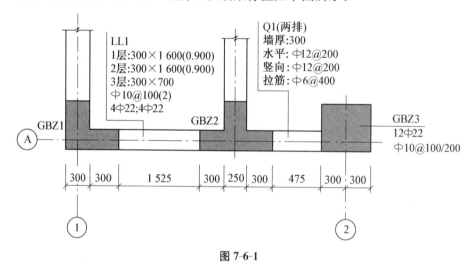

图 7-6-1

（1）计算墙 Q1、GBZ3 以及 LL1 中钢筋的长度。
（2）编制钢筋配料单,并制作安装剪力墙钢筋。

3. 项目背景

已知结构抗震等级为二级,混凝土强度等级为 C30,基础顶标高为—1.000,基础高度为600 mm。墙柱和墙身钢筋采用机械连接。

4. 项目实施

（1）将学生分成 5 人一组。

（2）根据施工图设计文件和 16G101－1 图集，识读剪力墙钢筋图纸，计算剪力墙中钢筋的图示长度和下料长度，编制钢筋配料单。

（3）加工制作剪力墙钢筋。

5. 要求

（1）加工钢筋时严格按照操作规程，注意安全。

（2）学生应在教师指导下，独立认真地完成各项内容。

（3）钢筋计算应正确，完整，无丢落、重复现象。

（4）提交统一规定的钢筋配料单。

参考文献

［1］中国建筑标准设计研究院.混凝土结构施工图平面整体表示方法制图规则和构造详图（现浇混凝土框架、剪力墙、梁、板）［M］,北京:中国计划出版社,2016.

［2］中国建筑标准设计研究院.混凝土结构施工图平面整体表示方法制图规则和构造详图（现浇混凝土板式楼梯）［M］.北京:中国计划出版社,2016.

［3］中国建筑标准设计研究院.混凝土结构施工图平面整体表示方法制图规则和构造详图（独立基础、条形基础、筏形基础及桩基承台）［M］.北京:中国计划出版社,2016.

［4］彭波.G101平法钢筋计算精讲(第4版)［M］.北京:中国电力出版社,2018.

［5］肖明和,申其中,范忠波.新平法识图与钢筋计算［M］.北京:人民交通出版社,2017.

［6］刘志强,李宁宁.钢筋翻样及加工［M］.北京:中国地质大学出版社,2018.

［7］张希舜.钢筋工工长手册［M］.北京:中国建筑工业出版社,2012.

［8］廖克斌,任世贤.钢筋工(初级)［M］.北京:机械工业出版社,2024.

［9］上官子昌.16G101图集应用——平法钢筋图识读［M］.北京:中国建筑工业出版社,2017.

［10］彭波.平法钢筋识图算量基础教程(第三版)［M］.北京:中国建筑工业出版社,2018.

［11］上官子昌.16G101平法钢筋识图与算量［M］.北京:化学工业出版社,2017.

［12］上官子昌.钢筋翻样方法与技巧［M］.北京:化学工业出版社,2017.

［13］田立新.平法钢筋翻样与下料细节详解［M］.北京:机械工业出版社2017.